1 小龙虾
2 池塘养殖龙虾
3 稻田养殖龙虾
4 推水设备是稻田养殖龙虾度夏的神器

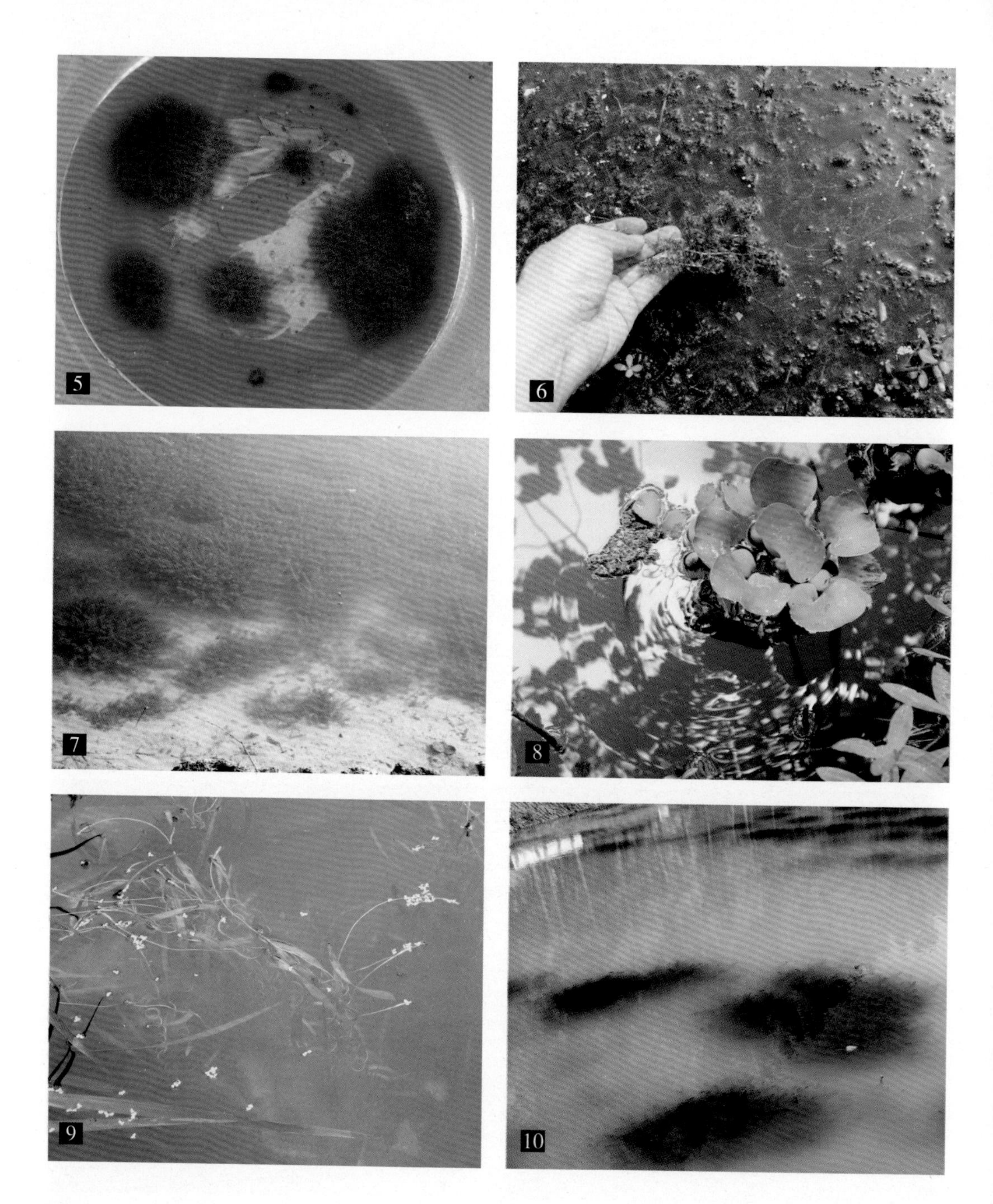

5 人工培育活饵料
6 龙虾喜爱的伊乐藻
7 田间沟内的水草模拟龙虾的生活环境
8 水草为龙虾提供了攀附物
9 苦草
10 轮叶黑藻

11 水草开始老化并下沉
12 8 月份宜放养的亲虾
13 放养的抱卵亲虾
14 优质的幼虾
15 选择好的螺蛳
16 烧苗现象

17 油膜水
18 酱油色水色
19 青苔很严重，说明水没有肥起来
20 不利于养虾的底质
21 铁壳虾

22 在田间沟上架设防鸟网
23 挑单丝防鸟效果好
24 调好的水色有助于龙虾蜕壳

25 用冰鲜鱼合理投喂龙虾
26 切碎的鱼肉喂养龙虾效果更好
27 挑选好的适宜的雌性亲虾
28 挑选好的适宜的雄性亲虾

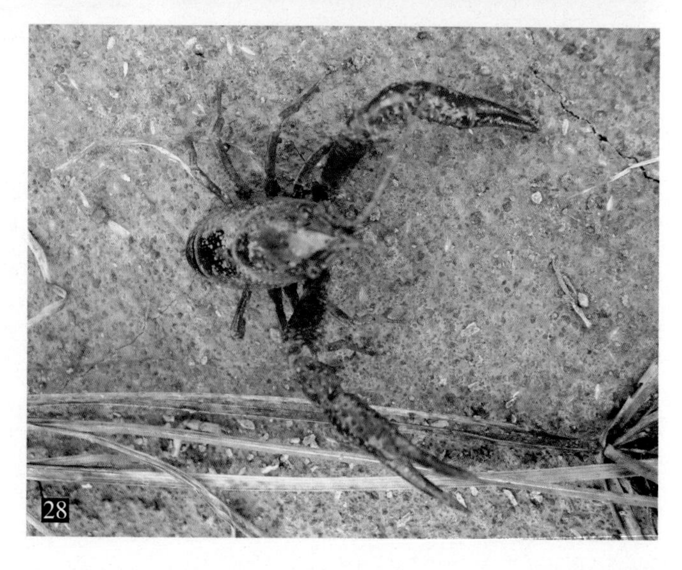

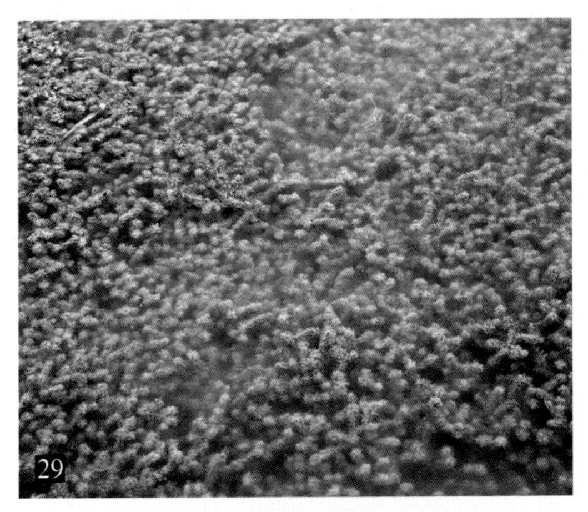

29 适宜种植的轮叶黑藻

30 诱导龙虾在田埂上掘穴繁殖

31 慈菇

32 在田中央栽种的水草是虾苗蜕壳的隐蔽物

33 黑鳃病
34 烂鳃病
35 患肠炎病死亡的龙虾
36 纤毛虫病
37 中毒引起龙虾死亡

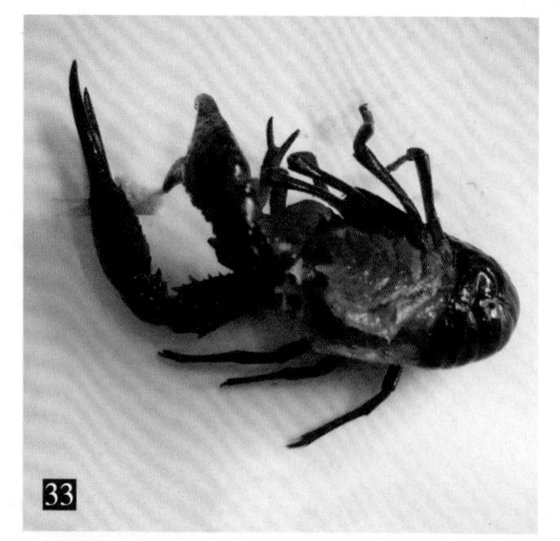

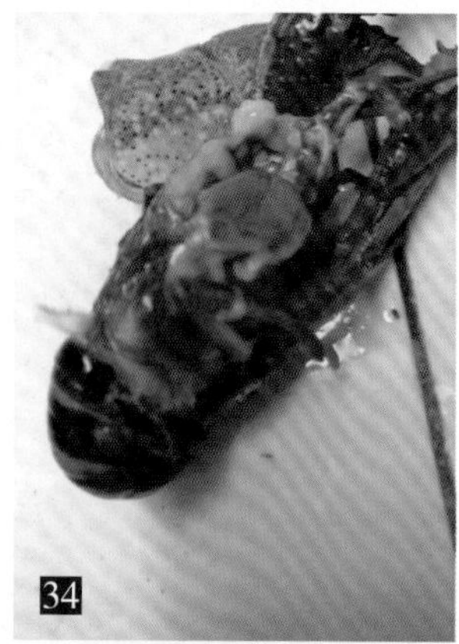

稻渔综合种养系列丛书

科技下乡用书

安徽省水产技术推广总站●组织编写

稻田养殖龙虾100问

占家智　奚业文　羊　茜　著

海洋出版社

2018年·北京

图书在版编目（CIP）数据

稻田养殖龙虾100问/占家智，奚业文，羊茜著.—北京：海洋出版社，2018.3
（稻渔综合种养系列丛书）
ISBN 978-7-5210-0046-7

Ⅰ.①稻…　Ⅱ.①占…②奚…③羊…　Ⅲ.①螯虾-淡水养殖-问题解答
Ⅳ.①S966.12-44

中国版本图书馆CIP数据核字（2018）第040558号

责任编辑：杨　明
责任印制：赵麟苏

海洋出版社　出版发行

http：//www.oceanpress.com.cn
北京市海淀区大慧寺路8号　邮编：100081
北京朝阳印刷厂有限责任公司印刷　　新华书店发行所经销
2018年3月第1版　2018年3月北京第1次印刷
开本：787mm×1092mm　1/16　印张：11.75
字数：161千字　定价：45.00元
发行部：62132549　邮购部：68038093　总编室：62114335
海洋版图书印、装错误可随时退换

总　　序

稻田养殖是指将稻田这种潜在水域加以改造、利用，用来养殖鱼、虾、蟹、蛙、鳖、鳅、鳝的一种模式。稻田养殖不仅具有投资少、见效快的优点，而且还有节肥、增产、省工的好处，同时也是一种生态养殖的模式。近几年来，我国稻田养殖发展势头迅猛，经济效益可观，被称为稻田综合种养，目标是“双千工程”，也就是说稻田养殖要达到亩*产水稻稳产在500千克以上，养殖的水产品亩增收效益在1 000元以上。目前全国在利用稻田进行水产品养殖实践中，最具养殖规模和养殖潜力的主要有龙虾、河蟹和甲鱼。例如2017年全国稻田养殖龙虾的面积达到720多万亩，仅安徽省的稻田养殖龙虾就超过90多万亩。为了适应稻田养殖的发展要求，推广新的稻田生态养殖技术，满足广大农民朋友迫切要求掌握科学技术的需要，我们在生产实践的基础上，编写了本丛书。

本丛书将根据养殖品种分为《稻田养殖龙虾100问》《稻田养殖河蟹100问》《稻田养殖甲鱼100问》《稻田养殖泥鳅100问》《稻田养殖黄鳝100问》《稻田养殖鱼类100问》《稻田养殖蛙类100问》等七本，每本书都比较全面系统地介绍了稻田养殖该品种的历史、稻田养殖该品种的优点、稻田的田间工程改造、养殖技术要点、水稻栽培

---

* 亩为非法定计量单位，1亩≈666.67平方米。

技术、水稻和养殖的水产动物共管要点、病害预防治等关键技术。

本丛书具有极强的生产指导意义，适合广大农民、种养大户、渔业经济合作组织、基层技术推广人员阅读。由于稻田养殖无论在理论上还是在生产实践上都需要不断地进行研究和充实，一些技术措施也有待于进一步提高和完善，种养效益还有进一步提高的空间，养殖品种还可能有新的补充，加上我们自身水平有限，不足和错误之处敬请广大读者朋友批评指正。

占家智

2018年2月

前　言

龙虾，学名克氏原螯虾，其适应性广、繁殖力强，广泛分布于我国20多个省市的江河、湖泊、水库、池塘、稻田及沟渠、沼泽中，现为我国主要经济虾类之一，其中长江、淮河流域的安徽、湖北、江苏、江西、上海为克氏原螯虾主产区。

过去由于龙虾具有极强的掘洞能力而被列为有害生物，不断遭到人为清除。随着社会的发展，人们生活条件的不断改善，饮食口味的不断提高，人们对龙虾的重新认识以及它的食用功能不断被开发，使人们对龙虾产生了深厚的兴趣，它以可食部分较多、肉质细嫩、味道鲜美、营养价值高、蛋白质含量高的优点而逐渐被市场接受。目前，龙虾已经成为我国的优良淡水养殖新品种，在市场上备受消费者青睐。

自21世纪初以来，因龙虾具有较高营养价值及龙虾经济文化渲染，其在国内外市场火爆，野生资源逐渐枯竭，龙虾价格从每千克几毛钱飙升至每千克25～60元，2017年更是一反常态，在7—8月份，市场价格达到惊人的140元/千克（50克以上/只）的高价，市场仍呈不饱和状态，出口原料常年缺货。由于自然资源日趋减少，市场需求量大，稻田养殖龙虾的前景广阔。该项技术是立体种养的模式，可以保持农田生态系统物质与能量的良性循环，实现稻渔双丰收。为了方便广大农民朋友快速方便直观地掌握在稻田里养殖龙虾技术，我们在长期生产实践和研究的基础上，并查阅大量的国内外原始资料，完成本书的撰写。本书以一问一答的方式解答养殖过程中出现的一些急需解决的问题，农民朋友可以按图索骥，更好地了解并掌握龙虾的稻田养殖技巧。

本书的一个最大特点是简化对龙虾的基础理论的阐述，重点解决在生产实践中遇到的问题，尤其是龙虾种虾投放与水稻茬口安排、种植水草、控制种虾放养密度、加强饲喂管理、做好龙虾病害防治、应用最佳捕捞方法和水稻病虫害科学防治等技术。

本书的文字简捷，图片多，有的放矢，直观生动，因此具有极强的生产指导意义，适合种养大户、渔业经济合作组织、基层技术推广人员阅读。

编者

2017 年 8 月

目　　录

第一章
概　　述

1. 你认识龙虾吗？

淡水小龙虾学名叫克氏原螯虾，在分类学上与龙虾、河蟹、河虾及对虾一起属于节肢动物门、甲壳纲、十足目，因其形态与海水龙虾相似，故称为龙虾，又因它的个体比海水龙虾小而称为小龙虾。同时，为了和海水龙虾相区别，加上它生活在淡水中，因而在生产和应用上常被称为淡水小龙虾（见彩图1）。

龙虾原产北美，美国是龙虾的故乡，加拿大和墨西哥等地也是它的故乡之一，尤其是美国路易斯安那州是龙虾主产区，这个州已经把龙虾的养殖当做农业生产的重要组成部分，并把虾仁等龙虾制品输送到世界各地。

经过人为的传播，现在龙虾已经广泛分布在世界上多个国家和地区，主要分布的国家和地区有美国、墨西哥、澳大利亚、新几内亚、津巴布韦、土耳其、叙利亚、匈牙利、波兰、保加利亚、西班牙、南非。在20世纪早期，龙虾从日本传入我国，现广泛分布于我国的新疆、甘肃、宁夏、内蒙古、山西、陕西、河南、河北、天津、北京、辽宁、山东、江苏、上海、安徽、江西、湖南、湖北、重庆、四川、贵州、云南、广西、广东、福建及台湾等20多个省、市、自治区，形成可供利用的天然种群。特别是在长江中、下游地区生物种群量较大，是我国龙虾的主产区。

2. 龙虾是如何进入中国的？

龙虾在中国的发展是有一个过程的，它并不是直接从美国传入我国，而是先从美国引入日本，1918 年前后再从日本引入中国，先在江苏的南京、安徽的滁州、当涂一带生长繁殖。20 世纪 50 年代，在我国还不多见，20 世纪 80 年代，我国水产专家开始关注龙虾。

由于龙虾的适应能力强，繁殖速度快，迁移迅速，喜掘洞等特点，对农作物、鱼苗、池埂及农田水利有一定的破坏作用，在我国曾长期被作为一种敌害生物来加以清除。在早期的四大家鱼养殖中，就把龙虾作为一项主要的敌害加以清除。经过不断地研究和生产实践表明，龙虾的掘洞能力、攀爬能力及在陆地上的移动速度都远比中华绒螯蟹弱，只要养殖者加强管理，为龙虾的生长营造合适的生态环境，龙虾是可以作为一种优质水产资源加以利用的（图 1-1）。

图 1-1　龙虾是可以利用的优质资源

到目前，龙虾已经由“外来户”变为“本地居民”了，成为我国主要的甲壳类经济水生动物之一，它的受欢迎程度和市场经济价值已接近我国特产的中华绒螯蟹，在长江南北都能见到它的踪迹，特别是江淮一带，气候宜人，水网众多，已经成为龙虾的主要产区。到2006年，我国不仅成为世界龙虾产量大国，也成为世界龙虾的出口大国和消费大国。由于龙虾在国际、国内市场十分火爆，价格不断攀升，销售供不应求，经济效益明显，已经成为我国新兴的水产主养品种之一，发展淡水龙虾的人工养殖，既可丰富人民的菜篮子，又可出口创汇，实为养殖生产者实现快速增收致富的一条好门路。

3. 龙虾养殖的发展势头如何？

近年来，随着对龙虾养殖中种、水、草、饵、管、病等关键养殖要素的深入研究，龙虾养殖技术在生产实践中不断完善，养殖技术逐步提升，养殖规模平稳扩大。2012年，安徽养殖面积已近百万亩，养殖产量上安徽与江苏并列第二，各占10%，到2017年，安徽省的龙虾产量已经稳居全国第二位。湖北省龙虾养殖面积达420万亩，养殖产量连续10年位居全国第一。

2003年以前，安徽省野生龙虾年产量在4万吨左右，由于国内外市场拉动，捕捞强度日益加大，资源日趋萎缩，供需矛盾突出，自2003年起，安徽省长丰、全椒等地通过科技攻关和实践探索，成功地创造了虾稻连作、稻虾共作、林养结合等生态种养殖模式，并逐步向适宜地区扩展。2006年，养殖面积9.6万亩，养殖产量1.5万吨，总产量7万吨；2007年，养殖面积30万亩，养殖产量4.5万吨，总产量9万吨；2008年，养殖面积60万亩，养殖产量7.36万吨，总产量10万吨；2009年，养殖面积73万亩，养殖产量8.4万吨，总产量11万吨。2010年养殖面积80万亩，2011年为75万亩，2012年达到85万亩。其中，稻田养殖面积占总面积的2/3以上。目前龙虾已经成为安徽省名优水产品中的优势品种，也是重要的出口品种。通过稻田、池塘生态种养结合，促进龙虾产业持续发展，形成以加工、餐饮业为龙头，苗种繁育、生态养殖、加工、餐饮、文化相配套的产业化发展体系。

2007年，安徽省组织实施渔业“三进工程”龙虾进稻田的稻虾连作，将发展龙虾养殖作为推进渔业结构调整、促进农民增收的重要举措，龙虾产业进入了新的高速发展时期，龙虾养殖面积稳步增长，产品销往全国各地，尤其是全椒苗种销往广西、黑龙江、青海、山东、天津、福建、上海、江苏等地。

4. 龙虾养殖的前景如何?

长期以来，龙虾的供应主要靠天然捕捞，从目前消费量和供求关系来看，龙虾的自然资源已经远远满足不了国际、国内市场消费需求，因此龙虾养殖的前景非常广阔。

(1) 龙虾的市场潜力大，吃货们对龙虾消费的贡献巨大

无论是国内市场还是国际市场，无论是食用市场还是工业市场，龙虾的市场需求量都非常大，这种紧张的市场供求关系，使龙虾产业具有较高的经济效益和广阔的发展前景，养殖龙虾的销路不成任何问题。发展龙虾人工养殖不但可以解决市场供求矛盾，而且还开辟了一条农民致富的渠道。

龙虾肉质鲜美，营养丰富，可食部分较多，达40%，虾尾肉占体重的15%~18%，是人们喜爱的一种水产食品，目前龙虾销售市场前景广阔，很多国家都有吃龙虾的习惯，欧美国家是龙虾的主要消费国。在美国，龙虾不仅是重要的食用虾类，而且是垂钓的重要饵料，年消费量6万~8万吨，自给能力不足1/3，每年瑞典举行为期3周的龙虾节，单进口龙虾就达5万~10万

吨；在国内，龙虾的食用已经风靡全国，被越来越多的消费者青睐，已成为城乡大部分家庭的家常菜肴，特别是江苏、浙江、上海等地，龙虾已经成为很多人餐桌上必不可少的一道美味。江苏省盱眙县每年举办的“龙虾节”现已闻名中外，也让龙虾的饮食文化走向世界，走向高端，其代表作品是盱眙“十三香龙虾”。在武汉、南京、上海、常州、无锡、苏州、合肥等大中城市，龙虾的年消费量都在万吨以上。根据调查，南京市一个晚上，饭店、大排档的龙虾销售量在2万千克左右（图1-2）。

图1-2　食用龙虾已经风靡全国

（2）养殖推广难度低，易于在广大农村中推广

一方面，龙虾对环境的适应性较强，病害少，耐低氧，既能在池塘中进行小水体高密度养殖，也可以在河沟、湖泊、稻田、沼泽地等多种水体中自然增殖，养殖技术简便，易于普及，饲料来源方便，易于筹备；另一方面，龙虾养殖苗种易解决，可自繁、自育、自养，不需复杂的人工繁殖过程，相对来说养殖要求非常低；加上它是甲壳类水生动物，具有能较长时间离水或穴居的习性，对不良环境的耐受力非常强，运输方便，成活率高。所以说，龙虾养殖推广难度不大，养殖者容易掌握它的养殖技术。

（3）养殖者养殖热情高涨，自发性养殖规模大

从我们长期从事水产技术服务的情况来看，全国各地都有养殖龙虾的成功案例，加上市场的追捧，现在养殖者对龙虾的养殖热情高涨。例如安徽省滁州市广大渔（农）民对龙虾养殖有着极大的热情，从2005年推广稻田养殖千亩后，到2017年1月，统计表明，龙虾养殖面积已迅速发展至18万亩，其中农业部向全国推广的著名的“全椒模式”核心区里稻田养殖龙虾面积就达13万亩；养殖模式也不断发展，既可以虾稻连作、池塘单养，也可以鱼虾混养、河沟湖汊多渠道养殖；既可以零星养殖，也适宜规模养殖经营，是渔（农）民致富的好项目（图1-3）。

图1-3　稻田养殖龙虾是农民致富的好项目

（4）农民增收快，示范效果好

近两年，龙虾的价格非常高，尤其是早春的大规格龙虾，价值更是高达90元/千克，而且市场有价无货，因此虾农收入非常高。根据调查，龙虾池塘精养每亩产量在150千克左右，亩纯利润在2 000元左右，比一般的池塘效益高；如果采用稻田养殖龙虾或其他方式的混养殖，根据我们的实地调研，每亩平均可以收获龙虾80千克，每亩稻田仅养龙虾的纯收入就达到2 500元

左右。由此可见，养殖龙虾是渔（农）民实现快速致富的有效途径之一，高效的回报和看得见的利润让渔（农）民有信心养好龙虾。

（5）龙虾的生长周期短，资金回笼快

一般幼小的龙虾经40天左右的生长就可以上市，通过捕大留小的技术方案，可以采取循环养殖的方式，属于一次投放，常年受益的养殖模式。

5. 龙虾养殖有多少种模式?

1978年美国国家研究委员会强调发展龙虾的养殖，而且也探索了“稻-虾”“稻-虾-豆”“虾-鱼”“虾-牛”等混养轮作，当初的养殖方式是粗放养殖、混养，后来发展到各种形式的强化养殖。欧洲进一步探索了“龙虾-沼虾-龙虾”的轮作，澳大利亚探索了强化人工养殖模式等。

我国科研工作者经过积极探索和生产实践相结合，也开发并推广了一些卓有成效的养殖模式。例如安徽省就推出了具有代表性的8种不同类型生态种养模式，逐步形成了一种全新生态农业，出现一定的增长值，产生了良好的效益。这8种模式包括：“水稻、小麦、龙虾、经济作物”兼作与轮作一体化模式、池塘仿生态苗种繁育技术模式、稻虾连作技术模式、稻虾共作技术模式、茭虾生态共作技术模式、龙虾池塘双季主养技术、“虾-鱼”混养技术模式和虾鳖混养技术模式等。

在这几种模式中，与水稻种植和龙虾养殖相关的技术有三项。一是农田“水稻-小麦-龙虾-经济作物”共作与轮作一体化生态立体高效种养模式，符合沿淮、淮北平原稻、麦轮作制，是建设稳产高效农田的治本措施，既保护了耕地，又强化了食品安全，更能稳产增收。利用该模式，亩均销售商品龙虾100千克左右，亩产优质水稻550千克以上，加工成有机稻虾米350千克，亩均销售产值8 000元以上，效益4 000元以上。二是水稻-龙虾共作模式，平均亩水稻产水稻 630 千克，龙虾亩均产量 90 千克，亩综合利润2 000元左右。三是稻虾连作模式，是经过对池塘养殖、稻田养殖及低洼地养殖的总结和改进，逐步形成比较稳定的配套技术，趋于完善具有较好的发展前景的高效模式。在不影响一季水稻生产的前提下，亩产 100~150 千克虾苗，获产值 2 000~3 000 元，提高了土地产出率和产品优质率，实现双丰收。

6. 稻虾、稻鳅、稻鳖、稻蟹、稻鱼五大模式谁最优？

目前在全国流行的稻田综合种养模式中，主要开发出了具有一定养殖效益和推广价值的五大模式，也就是稻虾综合种养模式、稻鳅综合种养模式、稻鳖综合种养模式、稻蟹综合种养模式（图 1–4）和稻鱼综合种养模式。

图 1–4　稻田养殖河蟹

从养殖周期上看，龙虾苗种进入稻田后，只需要40天左右的时间，就可以起捕上市，而其他的几种模式中养殖周期至少都在数月以上，稻田里养殖龙虾远远比其他几个模式的养殖时间要短，资金回笼也就要快得多；从繁殖能力上来看，河蟹需要两年才能在海水中繁殖，泥鳅和鱼也需要两年才能繁殖，鳖至少三年后才能繁殖，而龙虾当年就可以抱卵繁殖，因此它的繁殖周期短，苗种供应快；从苗种的来源来看，其他几种模式需要每年重新投入苗种，而龙虾则是一次投入苗种，此后每年依靠它自然增殖的苗种就足够养殖了，有的稻田还可以为其他养殖户提供苗种，因此苗种投入比较少，是一次小投入、常年大受益的养殖模式；从现金回流上看，龙虾从苗种进入稻田一个月后，几乎天天都可以捕捞，而且龙虾经纪人上门收购都是现金，既没有赊欠的风险，也能解决日常资金的需求，而其他几种模式基本上是年底一次性收获，集中上市，有时还可能被赊欠；从商品市场需求来看，其他几种模式的商品几乎是集中上市，而且市场饱和度高，价格有日益下降的危险，而龙虾的市场需求目前渐渐走向高峰，价格一路走高而且市场上有价无货，只要有龙虾，就不用发愁销路的问题。

对这几种稻田综合种养模式进行比较，就不难发现，稻田养殖龙虾是几种模式中最好的，也是最有生命力的，这也是为什么这几年稻田养殖龙虾能在全国遍地开花的原因。

目前，安徽省稻渔综合种养模式主要是稻虾综合种养模式，其中稻虾连作又分为三种：一是稻田以养殖苗种为主，也就是传统方式一次投放亲本连年养殖；二是稻田专养商品虾，就是在改造后的稻田里投放定量苗种生产商品虾；三是在稻田里专门繁育苗种，就是在改造后的稻田里进行龙虾的秋季繁育。

7. 哪种龙虾养殖模式最适合？

现在龙虾养殖的模式主要有8种模式，通过对这几种模式进行对比便可发现哪种模式最优。

（1）池塘养殖（见彩图2）

池塘的面积可小至几亩，大到数十亩甚至是上百亩，小池塘通常采用精养方式，大池塘多以粗养方式为主。池塘的深度为0.8~2米、水深为0.4~1.5米。为防止池塘坍塌，坡比以1∶2.5~1∶3.5为宜。龙虾有逃逸的习性，需在塘埂上建设防逃设施，围栏的高度为100厘米，其中40~50厘米埋入泥中，固定用的竹桩间距为1.5~2.5米。

池塘中水草的覆盖率应不小于60%。常见的水草种类有伊乐藻、轮叶黑藻、金鱼草、苦草、茭草、水葫芦、水花生、瓢莎和浮萍等，其中沉水植物主要作为虾类的食物，以可食性水草为主，漂浮植物和挺水植物主要用作隐蔽物和攀附物。养殖池内还可以投放适量的10~13厘米的鲢、鳙鱼苗来调节水质，投放量为80~150尾/亩。

龙虾池塘养殖的苗种来源有两种方式：一是直接放养虾苗进行养殖，二是放养亲虾自繁自养。虾苗的放养量大多为0.6万~1.0万尾/亩，规格为30~40克/尾的亲虾30~60千克。颗粒饲料的投喂量控制在亲虾体重的3%~5%。3月底开始起捕池中的亲虾上市出售，在长江流域，虾苗长至6月份已有部分个体达到了上市规格，此时应及时轮捕，捕大留小，必要时可采取轮捕与轮放的养殖模式来提高养殖产量。采用上述养殖模式，亩产量最高可达150~250千克，经济效益十分可观。

（2）虾稻连作（见彩图3）

具体的方法是在稻田靠近水源的一侧开挖水沟，沟宽2~8米、深0.8~1

米，坡比 1.5∶1~2∶1，沟的四周构筑高 20~30 厘米的小土坝，土坝四周设立围栏，使水沟成为暂养区。该暂养区在水稻种植期可用于暂养亲虾或虾苗，可用聚乙烯网片或塑料薄膜加竹桩固定防逃。在田间沟里栽上伊乐藻、轮叶黑藻等水草，以 3~5 株为一簇，每簇水草间距为 1~2 米，水草栽下后若水温达 20℃以上时，每亩可泼洒生物有机肥 100 千克，以促进水草的生长。

稻虾连作模式可放养虾苗进行养殖，也可以放养亲虾进行自繁自养，在水稻种植期间放养虾苗可先将其暂养于田间沟内，待水稻收割并完成稻田消毒、施肥和种草 15~30 天后，再将暂养沟中的虾苗放开。若采用放养亲虾进行自繁自养模式，可先将亲虾暂养于田间沟内，待虾苗育成和水稻收割并栽种水草后，再放入大田中饲养。

4—6 月份是稻虾连作养殖模式的捕捞期，水稻栽种通常是在 6—7 月份，成虾的捕捞方法是在田间沟投放地笼，在稻田中间区域可利用虾笼进行捕捞。养殖产量通常可达 100~200 千克/亩，是一种稻虾双丰收的养殖模式。

（3）蟹池套养

在河蟹池中套养龙虾有一定的风险。首先，龙虾数量较多时会对河蟹的生长造成干扰，尤其是龙虾的食性与河蟹相近，出现食物竞争是必然的，同时龙虾携带的纤毛虫会传染给河蟹。其次，蟹池中龙虾的存塘量过多会影响翌年水草的生长，使池塘的养殖生态变得十分脆弱，对河蟹养殖的影响较大。解决上述问题的方法是将水草的种植期提前至年底之前，并且要严格控制池中龙虾的密度。4—5 月份放养龙虾虾苗，每亩放养量为 1 000~2 000尾，规格为 2~5 克/尾，6—7 月份开始捕捞成虾，一般在 7 月底前可收获龙虾 25~60 千克/亩，10 月底可收获河蟹 60~80 千克/亩。

（4）水芹田养殖

水芹种植与龙虾养殖相结合是目前比较成功的养殖模式，水芹在 8 月下旬开始种植，于年底至翌年 3 月收割，3—8 月份为龙虾养殖期。3—5 月份每亩放养规格为 2~10 克的虾苗 0.3 万~1 万尾，并按照池塘养殖模式进行投饵和管理。水芹田养殖龙虾的产量一般可达 150~300 千克，水芹的亩产为 4 000~5 000千克，经济效益十分可观。

(5) 藕田套养

藕田套养龙虾时，首先，由于藕田中的龙虾会对刚发芽的藕造成极大的危害，尤其是放苗量过高的藕田，藕的产量将会大幅度下降。其次，藕田喷施的杀虫剂对龙虾有剧毒，极易发生药害。最后，藕田的施肥量较大，夏季水质恶化后极易造成虾苗缺氧死亡，因此藕田养殖龙虾应以低密度套养为主，不可片面追求高产，亩产量应控制在 20~50 千克。

(6) 虾麦连作

在麦田靠近水源一侧开挖暂养沟，沟宽 5~8 米、深 1.0 米。种麦子期间，沟内留水 20 厘米以便于水草的种植，麦子收割后可将部分水草移栽至麦田中生长。10 月底至 11 月初种植小麦，翌年 5 月底收割，6—7 月份放养规格为 1~3厘米的虾苗 0.3 万~1 万尾/亩。麦田养虾的水位一般控制在 40~60 厘米，饲料以豆粕、小鱼、水草和颗粒饲料为主，管理方法与稻田养殖基本相同。7—10 月份连续用虾笼和地笼网进行捕捞，捕大留小，并不断放养小虾苗以提高养殖产量。采用虾麦连作模式进行养殖，每亩可获得额外收益 2 000 元左右。

(7) 虾与油菜连作

油菜在 10 月下旬播种，以生育期较短的湘油 15 号等品种为宜。油菜怕涝，可在田间邻近水源一侧开挖一条与麦田养虾相同的暂养沟，一则有利于油菜田排渍，二则可在油菜收割后用作虾苗暂养。油菜在 5 月底收割完毕后即可开始注水和种植水草，5—6 月份放养虾苗，每亩放养量为 0.5 万~1.0 万尾。油菜与龙虾连作后亩效益可达 2 500~3 000 元，通常可增收 1 000~2 000 元/亩。

（8）鱼池套养

7—8月份在鱼种池中按100尾/亩的密度放养龙虾亲虾进行虾苗繁殖，由于虾苗密度较低，饲养期间不需要建设围栏防逃。生长在鱼池中的龙虾可清理池底的残饵，同时也能以鱼类排泄物和腐殖质为食，养至年底可捕获成虾25~50千克/亩。

通过对比发现，稻虾种养是最有生命力的、最有适应性、也是最有推广价值的一种模式。

8. 稻田养虾的原理是什么?

稻田养虾是利用稻田的浅水环境，辅以人为措施，既种稻又养虾，以提高稻田单位面积效益的一种生产形式。

水稻与龙虾共生原理的内涵就是以废补缺、互利助生、化害为利，在稻田养虾实践中，人们称为“稻田养虾，虾养稻”。稻田是一个人为控制的生态系统，稻田养了鱼，促进稻田生态系中能量和物质的良性循环，使其生态系统有了新的变化。稻田中的杂草、虫子、稻脚叶、底栖生物和浮游生物对水稻来说不但是废物，而且争肥，如果在稻田里放养鱼虾，特别是像龙虾这一类杂食性的虾类，不仅可以以这些生物为饵料，促进虾的生长，消除争肥对象，而且虾的粪便还为水稻提供了优质肥料。另外，龙虾在田间栖息，游动觅食，疏松了土壤，破碎了土表“着生藻类”和氮化层的封固，有效改善了土壤通气条件，又加速了肥料的分解，促进了稻谷生长，从而达到鱼稻双丰收的目的。同时龙虾在水稻田中还有除草保肥作用和灭虫增肥作用。

稻田是一个综合生态体系，在水稻种植过程中，人们要对稻田进行施肥、灌水等生产管理，但是稻田许多营养却被与水稻共生的动、植物等所猎取，造成水肥的浪费；在稻田生态体系中放进鱼、虾后，整个体系就发生了变化，因为鱼、虾几乎可以吃掉在稻田中消耗养分的所有生物群落，起到生态体系的“截流”作用，这样便减少了稻田肥分的损失和敌害的侵蚀，促进水稻生长，又将废物转换成能为有经济价值的鱼、虾食用的物质。

9. 稻田养虾有几种类型？

我国科研工作者将研究成果与生产实践相结合，根据生产的需要和各地的条件，先后开发并推广了一些卓有成效的养殖模式，主要是“稻-虾”的兼作、轮作和间作等多种模式。

（1）稻虾兼作型（图1-5）

该模型就是边种稻边养虾，稻虾两不误，力争双丰收，在兼作中有单季稻养虾和双季稻养虾的区别。

图1-5　稻虾兼作型

单季稻养虾，顾名思义就是在一季稻田中养殖龙虾，这种养殖模式主要在江苏、四川、贵州、浙江和安徽等地利用，单季稻主要是中稻田，也有用早稻田养殖龙虾的。在这些地方，有许多低洼田或冷浸田，一年只种植一季中稻，9月份稻谷收割后，田地一直要空闲到翌年的6月初再栽种中稻。

双季稻养虾，就是在同一稻田连种两季水稻，虾也在这两季稻田中连养，不需转养。双季稻就是用早稻和晚稻连种，这样可以有效利用一早一晚的光合作用，促进稻谷成熟，广东、广西、湖南、湖北等地利用双季稻田养龙虾的较多。

（2）稻虾轮作型（图1-6）

该模式就是种一季水稻，然后接着养一茬龙虾的模式，做到动植物双方轮流种养殖，稻田种早稻时不养龙虾，在早稻收割后立即加高田埂养龙虾而不种稻。这种模式在广东、广西等地推广较快，它的优点是利用本地光照时间长的优点，当早稻收割后，可以加深水位，人为形成一个个深浅适宜的“稻田型池塘”，这种模式下，养虾时间较长，龙虾产量较高，经济效益非常好。

图1-6　稻虾轮作型

（3）稻虾间作型

这种方式利用较少，主要是在华南地区采用，就是利用稻田栽秧前的间隙培育龙虾，然后将龙虾起捕出售，稻田单独用来栽晚稻或中稻。

10. 为什么选择稻虾连作共作精准种养模式？

稻田养虾具有很大的优势，利用稻田养龙虾，既节约水面，又能获得粮食，具有成本低、易管理的优点，既增产稻谷，又增产龙虾，是农民致富的有效措施之一。

(1) 稻田里有适应龙虾的生存环境（图 1-7）

稻田属于浅水环境，浅水期仅 7 厘米，深水时也不过 20 厘米左右，因而水温变化较大。为了保持水温的相对稳定，虾沟、虾溜等田间设施是必须要做的工程之一，通过加高加固田埂，开挖沟凼，大大增加了稻田的蓄水能力，有利于防洪抗旱。另一个特点就是水中溶解氧充足，经常保持在 4.5~5.5 毫克/升，且水经常流动交换，放养密度又低，所以虾病较少。此外，龙虾喜欢在浅水处觅食，而稻田的水位较浅，底质肥沃，正好满足了它们的这个要求。

图 1-7　稻田里有适应龙虾的生存环境

（2）一地多用

利用稻田养虾的原理就是在不破坏稻田原有生态系统及不增加使用水资源的情况下，做到既能保证粮食生产不减产，又能收获一定数量的水产品，实现了一水两用、一地双收的效果，直接提高经济效益。

在稻田里进行龙虾养殖需要一定的土木工程，如开挖虾沟、虾溜等，这样将稻田的平面生产改造为“立体”生产。在形式上，由于开挖沟溜减少了水稻有效种植面积约8%左右，而实际上开挖沟溜的地方的斜坡处仍然可以种植水稻，同时在栽秧技术上进行改良，采取宽行密植或边际密植等技术，因此水稻的种植面积并没有减少多少。另外在稻田里养虾后，水稻的产量一般还能增产5%左右，这种既不影响水稻的种植，又能立体养虾的稻田种养方式，无疑是扩大了耕地的利用资源，是一地多用的典范。

（3）生态效应更加突出

稻田为虾的摄食、栖息等提供良好的生态环境，虾在稻田中生活，可直接吃掉稻田中的多种生物饵料，包括蚯蚓、水蚯蚓、摇蚊幼虫、枝角类、紫背浮萍、田间杂草以及部分稻田害虫，甚至不投饵饲料，也能获得较好的经济效益，起到生物防治虫害的部分功能，节省农药，减少了粮食污染，有利于稻田的生态环境向友好型发展。

（4）提高农田的利用率

在稻田里既种植水稻，又养虾，实现了种养结合，有效地提高了农田利用率。稻田养虾是利用稻田实现种植与养殖相结合的一种新的养殖模式，可以充分利用稻田的空间、温度、水源及饵料优势，促进稻虾共生互利、丰稻增虾，大大提高稻田综合经济效益。另外虾具有在水底泥中寻找底栖生物的习性，其觅食过程可起到松土作用，从而促进水稻根部微生物活动，使水稻分枝根加速形成，壮根促长。

（5）降本增效明显

一方面利用稻田养虾，不用另外开辟养殖池，能有效地节地节水，是保护环境、发展经济的可选方式之一；另一方面，水稻能通过吸取虾的排泄物以补充所需肥料，起追肥作用，有利于生长，可以减少农户对稻田的农药、肥料的投入，降低成本。

11. 稻田养虾九大配套关键技术是什么？

稻田养虾共有九大配套关键技术，只要把这九大配套关键技术真正弄懂，才能确保养殖的成功。

（1）配套水稻栽培新技术

在稻田养虾过程中，各地的种养户发挥了聪明才智，创造性地配套了许多水稻栽培新技术。比如在稻虾共作中，有的地方采用了双行靠、边行密的插秧方式，有的地方则采用了大垄双行、沟边密植的插秧方式；有的地方采用了合理密植、环沟加密的插秧方式；有的地方采用了稻田免耕直播技术，等等。

（2）配套水产健康养殖关键技术

在稻田里养殖龙虾，配套了健康养殖的关键技术，比如防逃设施、田间栽种水草的技术措施、生物活饵料的培育技术等。

（3）配套种养茬口衔接关键技术

为了实现种养两不误，茬口的衔接很关键，各地都根据具体情况作了很好的安排。例如安徽省滁州地区的稻田养殖龙虾，在茬口的衔接上是这样安排的：每年的6月15日前将稻田里达到上市规格的龙虾全部出售，然后迅速降水，采用免耕的方式插秧，秧苗全部在6月25日前栽插完毕，然后按水稻的正常管理就可以了。要求水稻的生长期控制在140天左右，不能超过150

天（含秧龄 30 天）。到 10 月 20 日左右，收割稻谷，然后留桩并灌水用于养虾，一直到翌年的 6 月份。

（4）配套施肥技术

在稻田养虾前，水稻生产的施肥主要依赖化肥，大量化肥的使用引发生态环境问题。在稻田养虾的实施过程中，各地根据本地实际情况并通过科研单位的参与，按“基肥为主，追肥为辅”的思路，对稻田施肥技术进行改造。有的地方应用了一批适用于稻田综合种养的配套施肥技术，例如安徽采用的“基+追”结合分段施肥技术，就是将施肥分为基肥和追肥两个阶段，主要采用了“以基肥为主、以追肥为辅、追肥少量多次”的技术；有的地方采取“底肥重、蘖肥控、穗肥巧”的施肥原则，施足基肥，减少追肥，以基肥为主，追肥为辅；还有一些地方除了稻茬沤制肥水外，基肥还要在稻田四角浅水处堆放，用经过发酵的有机粪肥（每亩 150～200 千克）来培育虾苗喜食的轮虫、枝角类及桡足类等浮游动物，使龙虾苗种一下塘就可以捕食到充足的、营养价值全面的天然饵料生物，增强体质和对新环境的适应能力，提高放养成活率等。

（5）配套病虫草害防控技术

在稻田养虾前，对稻田害虫和杂草的控制主要依靠化学药物控制，造成了农药残留、污染环境问题。在稻田养虾的实施过程中，提出了“生态防控为主、降低农药使用量”防控技术思路。主要技术方案包括天敌群落重建技术、稻田共作生物控虫技术和稻田工程生物控草技术等。

（6）配套水质调控关键技术

在稻田养虾前，虽然有形成并应用了部分水质调控的技术，但没有形成系统性水质调控思路，调控不精准，效果也不稳定。为此，各地专门研究了综合种养水质的各方面以及各阶段的要求，提出了系统性的水质调控技术方案。这些方案包括物理调控技术、化学调控技术、水位调控技术、底质调控技术、水色调控技术、种植水草调控技术、密度调控技术等。

（7）配套田间工程技术

针对稻田种养田间工程改造出现的问题，稻田养虾也规定了田间工作设计的基本原则：一是不能破坏稻田的耕作层；二是稻田开沟开溜不得超过种植面积10%。通过合理优化田沟和虾溜的大小、深度，利用宽窄行、边际加密的插秧技术，保证水稻产量不减。同时，工程设计上，充分考虑机械化操作的要求，总结集成了一批适合不同地区稻田种养的田间工程改造技术（图1-8）。

图1-8　配套田间工程改造

（8）配套捕捞关键技术

自20世纪80年代推广了稻田养鱼后，对在稻田里养殖的水产品的捕捞往往采用水产养殖传统的池塘捕捞方法，但由于稻田水深较浅，环境也较池塘复杂，生搬池塘捕捞方法难以满足稻田种养的需要。因此，在现阶段，各地针对稻田水深浅，充分利用虾沟、虾溜，根据龙虾的生物习性，采用地笼诱捕、堆草、排水干田、流水迫聚等辅助手段来提高起捕率、成活率。

（9）配套质量控制关键技术

在发展稻田养虾过程中，水产技术推广部门对与稻田产品质量安全相关的稻田环境、水稻种植、水产养殖、捕捞、加工、流通等各个环节的生产过程及过程中投入品的质量控制要求进行了总结，提出了各环节质量控制应执行的标准和采用的技术手段。

12. 利用稻田养虾对种养大户有哪些好处?

首先是不与粮争地。稻田养虾的田间工程只在稻田内开挖宽 3 米左右、深 1.5 米左右的环沟，约占 8%的稻田面积。通过连片开发、稻田小改大，减少了田埂道路，又增加了一些稻田面积，环沟占比可减少到 3%~5%，加上环沟周边的水稻具有边行优势，采用边行密植后基本不会挤占种粮的空间。

其次是提高了粮食单产。稻田养虾充分利用了物种间共生互利的优势，改善了稻田生态环境，把植物和动物、种植业和养殖业有机结合起来，更好地保持农田生态系统物质和能量的良性循环，实现稻虾双丰收，加上虾在田间吃食害虫、清除杂草、和泥通风、排泄物增肥，水稻得到健康发育生长。通过连续 3 年测产验收，结果表明，稻田综合种养的稻谷单产较单一种植水稻提高了 5%~10%。

再次，提高了粮食品质和效益。通过稻田种养新技术的实施，在同一块稻田中既能种稻也能养虾，化肥和农药大量减少，而虾的粪便可以使土壤增肥、减少化肥的施用，而有机肥和微生物制剂的使用促进了土壤的恢复，提高了综合生产能力。根据研究和试验，稻田中实施养虾后，稻田生境得到很大改良和修复，免耕稻田应用养虾技术基本可不用药，每亩化肥施用量仅为正常种植水稻的1/5左右。因此生产的粮食品质得到很大提高，大米的售价从4元/千克左右提高到20~80元/千克，种粮的效益也大幅提高，稻田的综合效益比单一种稻提高了2~10倍。

最后，激发渔（农）民的种粮积极性。由于在稻田养虾时，稻田的粮食产量稳中有升，稻谷单价也有所提高，加上养虾的收益，农民收入大幅增加，因此大大激发了渔（农）民的种粮积极性。以前无人问津的冷浸田、抛荒田，现在流转价格每亩达到七八百元，许多地方出现了“一田难求”局面。据相关统计资料表明，仅湖北省就有206万亩撂荒、低湖、低洼、冷浸田得到开发利用。

13. 为什么说稻田养虾能减少农药的使用量?

一是大量吞食害虫。稻田是蚊子、钉螺等有害生物的孳生地，在稻田养殖虾的生产实践中发现，龙虾可以大量消灭这些有害生物，稻田里及附近的摇蚊幼虫密度明显降低，最多可下降50%左右，成蚊密度也会下降15%左右，从而减少了疟疾、血吸虫病等重大传染病的发生以及有效地控制水稻虫害的发生，有利于提高人们的健康水平。另外，生活在稻田里的龙虾也能大量吞食稻田中的稻飞虱、叶蝉、稻纵卷叶螟、螟虫等水稻害虫。

二是减少化学药物的使用量与使用频率。现已查明，在稻田里能生长的杂草多达200多种，这些杂草与水稻争养分、日光能、生长空间等，影响了水稻的正常生长发育。在稻田里养虾，虾的活动以及它们杂食性的特点，基本上能控制田间杂草的生长，因此可以不使用化学除草剂。

三是减少农药的使用量与使用频率。利用稻田养虾后，由于虾能捕食稻田里的害虫作为饵料，因此基本上不用或少用农药，而且使用的农药也是低毒的，否则龙虾自身也无法生活，这样的结果就是限制或大幅减少了农药的使用。监测和调研全国10省（区）市的稻田养虾示范区后发现，稻田养虾可减少农药使用量10%~100%不等，平均减少48.4%，大大降低了农业的面源污染。

14. 为什么稻田养虾会大大减少化肥的使用量?

以有机肥料作为基肥，以龙虾的粪便作为追肥，从而大大减少了化肥的使用。全国10省（区）示范区减少化肥使用量30%~100%不等，平均减少62.9%。浙江大学陈欣等研究了稻田综合种养条件下对农药和化肥依赖性低的生态机理。以稻鱼系统为例，对稻田养殖系统降低农药和化肥的原因进行了为期6年的研究，结果显示，每年的水稻单作和稻鱼共作的水稻产量均没有显著差异，但是稻鱼共作的水稻产量时间稳定性比水稻单作高，且水稻单作的农药和化肥使用量分别比稻鱼共作多68%和24%。稻虾综合种养系统与稻鱼综合种养系统是一致的。

另一方面，虾粪本身就是一种优质的肥料，每亩稻田里放养龙虾苗5 000尾，两个月中排出的虾粪便量变达到60千克。

15. 稻虾连作共作模式合理的产量和利润是多少?

根据多年来的科技推广以及试验表明，稻虾连作共作模式的产量也不能片面地追求过高，需要保持一个合理的产量，如果片面提高龙虾的产量，那么就可能会让稻田变相成为一个浅型的池塘了。这样，不仅失去了稻虾种养的“一地两用、增稻丰虾”的初衷，而且对环境的污染也没有进行有效控制，如果产量太低，会降低种粮大户发展稻田综合种养的积极性。因此我们认为，合理的产量是出售龙虾商品虾125千克，留田做亲虾的产量25千克，水稻的产量为500~600千克。合理的利润为每亩3 000元左右。

16. 如何理解稻虾连作共作精准种养模式零风险？

在进行技术推广和试验示范过程中，许多养殖者都津津乐道地说稻虾连作共作模式是一种零风险的种养模式，为什么这样说呢？

一是稻田养殖龙虾为一年投入多年受益的好项目，在稻田里进行龙虾养殖的最大投入有：其一，田间工程建设，主要是田间沟的开挖和防逃设施及防鸟设施的投入；其二，苗种的投入。田间工程一旦按标准建设好后，至少可以保证七八年的养殖，而龙虾亲虾入田后，常年捕捞也会源源不断地有龙虾供应，以后不再需要田间工程建设和苗种的投入了，因此养殖户没有继续资金投入上的风险。

二是龙虾的市场前景广阔，受欢迎度非常大，人们爱吃，老少皆宜，市场长期处于供不应求的状态，因此养殖户没有销售上的风险。

三是龙虾的食性杂，饲料来源多样化，既可以投喂配合饲料，也可以投喂农村里常见的各种农产品，而且它的吃食量也很小，因此养殖户没有饲料投入上的风险。

四是利用稻田养殖龙虾，主要是采用生态养殖的方式，龙虾吃食稻田里的昆虫和杂物，水稻吸收龙虾的排泄物，整个生态系统没有污染物的排放，从生态环保的角度上看，是没有污染的风险。

五是利用稻田养殖龙虾，即使龙虾价格较低，由于水稻的产量确保在550千克左右，也不至于亏本，而龙虾的收入全部是额外的，因此养殖户没有收入降低的风险。

六是在稻田里养殖龙虾，技术已经成熟，在高温疾病到来之际，龙虾基本上已经打洞繁殖，很少进行投喂以及其他的管理，因此养殖户没有技术上的风险。

综上所述，稻虾连作共作精准种养模式可认为是零风险的养殖模式。

17. 龙虾养殖现在存在哪些问题？

当前，水产品质量安全已成为社会敏感问题、热点问题，大家竞相关注。如果不注意、不正视这些问题，将严重影响整个产业的健康发展。我们在调研和推广稻田养殖龙虾技术时，也发现了龙虾养殖在发展过程中存在的一些问题：

一是龙虾种质有退化的现象，经过多年的养殖后，稻田中的龙虾基本上都是自繁自育，导致目前养殖的龙虾性早熟现象比较严重。过早性成熟，导致龙虾的体内从饲料里吸收的营养和能量有相当一部分都转向性腺发育，造成龙虾用于身体生长的能量不足，表现出商品虾规格较小，养殖产量也随之下降。造成这种现象的原因主要是由于市场急功近利，导致亲本不能及时更新造成的，因此在养殖过程中，要加强种质提纯复壮的工作，充分利用稻田开展龙虾的育苗批量生产。另一方面，稻田的养殖环境不佳，长期以来对稻田过度开发利用，而缺少环境修复的手段，导致养虾稻田的虾沟里的水草资源稀少，天然栖息环境恶劣。此外，虾沟里的淤泥沉积造成水位过浅、水质过肥等原因也是导致龙虾性早熟的诱因。

二是龙虾苗种的繁育关键技术还需要进一步取得突破，主要是改变传统的育苗思路，例如安徽省全椒稻虾养殖模式中，就根据全椒当地的水稻栽插时间，开展龙虾秋繁技术的示范与推广，这样就可以让来年的苗种批量供应提前至 3 月底至 4 月初，确保当年养殖取得明显的经济效益。

三是稻虾连作共作过程中的健康养殖技术有待提升，主要是养殖标准化问题还没有达到全国统一，可以参照河蟹稻田养殖主要技术，规范并提升龙虾养殖技术，建立稻虾连作及种养结合的标准化模式。

四是有一部分人在一定程度上对稻田养虾的认识缺乏科学性，盲目认为，只要用一块稻田就可以养殖龙虾，这种观点是错误的，我们必须认识到稻田养殖龙虾也存在较大的风险。因此，在养殖时要加强自身业务素质的提高，根据龙虾生物学特性（需求），科学管理，根据水稻和龙虾不同生长阶段对水分、光照、营养的需求特点，做好针对性的工作。另外在稻田养殖龙虾时，要强化营造龙虾养殖环境，避免龙虾病害的爆发。当然龙虾的投饲也有学问，投饲多了虾吃不完会影响水质，投饲少了轻则影响虾的生长，严重时引起弱肉强食，互相残杀，造成较大损失。

五是上市过于集中，养殖效益下降。由于龙虾养殖的季节性较强，加上人们食用的习惯，导致每年5—10月份是全国各地龙虾集中上市的时间，大量的鲜活成虾集中在市场，导致价格下跌，效益较低。我们要充分发挥稻田养殖龙虾的优势，充分利用稻田养虾的时间差，尽可能地早上市，一定要在6月15日前将龙虾起捕上市，一方面是早期的价格较高，另一方面是为了错开后期池塘、湖泊等水体里的龙虾大量上市而造成的价格冲击，还有一个原因就是不能影响水稻的栽插和生长发育。

六是龙虾的品牌和特色问题应该得到重视。不可否认，江苏盱眙的龙虾品牌是目前全国最响亮的，但是根据市场调研及全国水产统计报表的总量以及盱眙每年营销龙虾的数量可以看出，江苏省的龙虾产量是远远满足不了当地需求的，而另外两个养虾大省——湖北和安徽的部分龙虾则供应给了江苏。因此在发展稻虾连作共作时，我们一定要注重品牌建设，打造种养模式的生态龙虾品牌，以特色、品牌扩大影响，做大做强龙虾产业。

18. 当龙虾遇到冬天极端低温天气该如何越冬？

龙虾的摄食强度与水温有很大关系，当水温在10℃以上时，龙虾摄食旺盛；当水温低于10℃时，摄食能力明显下降；当水温进一步下降到3℃时，龙虾的新陈代谢水平较低，几乎不摄食，一般是潜入到洞穴中或水草丛中冬眠。

在遇到像2008年冬天和2018年早春极端低温天气时，只需要保持正常的越冬水位，然后隔几天在田间沟上破冰，增加水体里的溶解氧就可以了。千万不能人为地认为冬天来了，过度地加高稻田的水位，因为越冬后的龙虾大部分是抱卵龙虾，平时已经适应了洞穴和恒定的水位，该条件下的龙虾存活是没有任何问题的，即使遇到极端严寒天气，也不会被冻死。相反，如果在极寒天气临时加深水位，洞穴内的龙虾会因不适应而在天气温暖时自动爬出洞穴，就极有可能被冻死。另外在加深水位后，抱卵亲虾腹部上的幼虾或即将孵化的受精卵会因水深压力大而大批死亡，从而导致翌年没有苗种供应的现象出现。

19. 当龙虾遇到夏天极端高温天气该如何度夏？

龙虾为变温水生动物，其代谢活动、酶活性和生长发育与水体中的温度有密切的关系。温度升高，窒息点增大；随着温度的升高，代谢强度增加，代谢率增大，龙虾的能量消耗增大。为维持其正常代谢水平，保持最适宜的生长温度在25~30℃是非常重要的，龙虾在这个最适生长水温范围内，随着温度的升高，其摄食量也逐渐增大，生长速度也逐渐加快，如果这个范围的水温维持时间越长，龙虾的个体增长越快。但是当水温高于35℃，龙虾的活动量降低，摄食明显减少，多数虾会进入洞穴度夏。

当龙虾遇到像 2017 年夏天极端高温天气时，我们不难发现全国各地都会有池塘养殖河蟹和池塘养殖龙虾大量死亡的报道，给养殖户造成了巨大损失。那么在 2017 年的高温季节，我们的稻田养殖龙虾是如何做好龙虾的安全度夏呢？这里给大家分享几个小技巧：一是在秧苗栽插前尽可能地捕捞完稻田里的龙虾，降低田间沟里的龙虾密度；二是保持田面 25 厘米左右的水深，适当提高田间沟里水体的容积；三是做好水体溶氧供应工作，建议大家采用推水设备（见彩图 4），保证田间沟里的水呈流动状态，根据我们在安徽省全椒地区做的试验，处于水循环状态的稻田里，水温低、溶氧足，几乎没有发现龙虾上岸或上草头的现象；四是确保田间沟里的水草覆盖率和成活率，只要不让水草露出水面，然后在流水的作用下，水草基本上是不会死亡的，活水加上水草，就能确保龙虾度过 40℃以上的高温。

第二章
龙虾的饲料与投喂

20. 龙虾有什么食性？

龙虾只有通过从外界摄取食物，才能满足其生长发育、栖居活动、繁衍后代等生命活动所需要的营养和能量。龙虾在食性上具有广谱性、互残性、暴食性、耐饥性和阶段性。

龙虾为杂食性动物，但偏爱动物性饵料（图 2-1），如小鱼、小虾、螺蚬类、蚌、蚯蚓、蠕虫和水生昆虫等。植物性食物有浮萍、丝状藻类、苦草、金鱼藻、菹草、马来眼子菜、轮叶黑藻、凤眼莲（水葫芦）、喜旱莲子草（水花生）、南瓜等；精饲料有豆饼、菜饼、小麦、稻谷、玉米等。在饵料不足或养殖密度较大的情况下，龙虾会发生自相残杀的现象，体弱或刚蜕壳的软壳虾往往成为同类攻击的对象。因此，在人工养殖时，除了投放适宜的养殖密度、投喂充足适口的饵料外，设置隐蔽场所和栽种水草往往成为养殖成败的关键。

在摄食方式上，龙虾不同于鱼类，常见的养殖鱼类多为吞食与滤食，而龙虾则为咀嚼式吃食，这种摄食方式是由龙虾独特的口器所决定的。

图 2-1　田螺是很好的动物性饵料

21. 龙虾吃食有什么特点?

龙虾的食量很大且贪食。据观察，在夏季的夜晚，一只龙虾一夜可捕捉5只左右的田螺。当然它也十分耐饥饿，如果食物缺乏时，一般7~10天或更长时间不摄食也不至于饿死，龙虾的这种耐饥性为龙虾的长途运输提供了方便。

龙虾不仅贪食，而且还有抢食和格斗的天性。通常在以下两种情况时更易发生：一是在人工养殖条件下，养殖密度大，龙虾为了争夺空间、饵料，而不断地发生争食和格斗，甚至出现自相残杀的现象；二是在投喂动物性饵料时，由于投喂量不足，导致龙虾为了争食美味可口的食物而互相格斗。

22. 在龙虾投喂前我们需要了解什么?

第一，应该了解龙虾自身消化系统的消化能力不足，主要表现为龙虾消化道短，内源酶不足；另外，气候和环境的变化尤其是水温的变化会导致龙虾产生应激反应，甚至拒食等，这些因素都会妨碍龙虾对食物的消化吸收。

第二，不要盲目迷信龙虾的天然饵料。有的养殖户认为只要水草养好了，螺蛳投喂足了，再喂点小麦、玉米什么的就可以了，而忽视了配合饲料的使用，这种观念是错误的。在规模化养殖中我们不可能有那么丰富的天然饵料，因此我们不仅必须科学使用配合饲料，而且要根据不同的生长阶段使用不同粒径、不同配方的配合饲料。

第三，饲料本身的营养平衡与生产厂家的生产设备和工艺配方相关联，例如有的生产厂家为了节省成本，会用部分植物蛋白（常用的是发酵豆粕）替代部分动物蛋白（如鱼粉、骨粉等），加上生产过程中的高温环节对饲料营养的破坏，如磷酸脂等会丧失，导致饲料营养的失衡，从而也影响龙虾对饲料营养的消化吸收及营养平衡的需求。所以，养殖者在选用饲料时要理智谨慎，最好选择口碑好的知名品牌饲料使用。

第四，是为了有效弥补龙虾消化能力不足的缺失，应提高龙虾对饲料营养的消化吸收能力，满足其营养平衡的需求，增强其免疫抗病能力。在喂料前，定期在饲料中拌入产酶益生菌、酵母菌和乳酸菌等，这些有益微生物复合种群的优势是，既能补充龙虾的内源酶，增强消化功能，促进对饲料营养的消化吸收，还能有效抑制病原微生物在消化系统生长繁殖，维护消化道的菌群平衡，修复并促进体内微生态的健康循环，预防消化系统疾病，对龙虾养殖十分重要。另外，如果在饲料中定期添加保肝促长类药物，既有利于保肝护肝，增强肝功能的排毒解毒功能，又能提高龙虾的免疫力和抗病能力，因此我们在投喂饲料时要定期使用一些必备的药物。

第五，我们在投喂饲料时，总会有一些饲料沉积在稻田底部，从而对底质和水质造成一些不好的影响，为了确保稻田的水质和底质都能得到良好的养护和及时的改善，从而减少龙虾的应激反应，在投喂时，应根据不同的养殖阶段和投喂情况，在饲料中适当添加一些营养保健品和微量元素，以增强虾的活力和免疫抗病能力，提高饲料营养的转化吸收，促进龙虾生长，降低养虾风险和养殖成本，提高养殖效益。

23. 如何解决龙虾饲料问题？

养殖龙虾投喂饵料时，既要满足龙虾营养需求，加快蜕壳生长，又要降低养殖成本，提高养殖效益。可因地制宜，多种渠道落实饵料来源。

一是积极寻找现成的饵料。可以通过三种途径来寻找现成的饵料：① 充分利用屠宰下脚料，即利用肉类加工厂的猪、牛、羊、鸡、鸭等动物内脏以及罐头食品厂的废弃下脚料作为饲料，淘洗干净后切碎或绞烂煮熟喂龙虾。也可以利用水产加工企业的废鱼、废虾和鱼内脏，渔场还可以将没有食用价值的死鱼、废鱼作饲料，如果数量过多时，还可以用淡干或盐干的方法加工储藏，以备待用。② 捕捞野生鱼虾，在方便的条件下，可以在池塘、河沟、水库、湖泊等水域丰富的地区进行人工捕捞小鱼虾、螺蚌贝蚬等作为优质天然饵料。这类饲料来源广泛，饲喂效果好，但是劳动强度大（图 2-2）。③ 利用黑光灯诱虫，夏秋季节在田间沟的水面上 20~30 厘米处或者稻田中央吊挂 40 瓦的黑光灯一支，可引诱大量的飞蛾、蚱蜢、蝼蛄等敌害昆虫入水供龙虾食用，既可以为农作物消灭害虫，又能提供大量的活饵，根据试验，每夜可诱虫 3~5 千克。为了增加诱虫效果，可采用双层黑光灯管的放置方法，每层灯管间隔 30~50 厘米为宜。

二是收购野杂鱼虾、螺蚌等。在靠近小溪小河、塘坝、水库、湖泊等地，可通过收购当地渔农捕捞的野杂鱼虾、螺蚬贝蚌等为龙虾提供天然饵料，在投喂前要加以清洗消毒处理，可用 3%~5% 的食盐水清洗 10~15 分钟或用其他药物如高锰酸钾杀菌消毒，螺、蚬、贝、蚌最好敲碎或剖割好

图 2-2　捕捞的野生鱼虾是很好的饵料

再投饲。

三是人工培育活饵料，就是利用人工手段养殖、培育螺蛳、河蚌、福寿螺、河蚬、蚯蚓、蝇蛆、水蚯蚓、黄粉虫、丰年虫等优质鲜活饲料（见彩图5）。

四是种植瓜菜。由于龙虾是杂食性的，因此可利用零星土地种植蔬菜、南瓜、豆类等，作为龙虾的辅助饲料，是解决饲料的一条重要途径。

五是投螺养草。要充分利用水体里的螺蛳资源，并尽可能引进外源性的螺蛳，让其自然繁殖，供龙虾自由摄食；同时要充分利用水体里的水草资源，在田间沟中移载水草，确保田间沟内的水草覆盖率在30%以上，水草主要品种有伊乐藻等（见彩图6），水草既是龙虾喜食的植物性饵料，又有利于小杂鱼、虾、螺、蚬等天然饵料生物的生长繁殖。

六是科学投喂配合饲料。根据龙虾在不同生长发育阶段对各种营养物质的需求，将多种原料按一定的比例配合、科学加工而成。配合饲料又称为颗粒饲料，包括软颗粒饲料、硬颗粒饲料和膨化饲料等，它具有动物蛋白和植物蛋白配比合理、能量饲料与蛋白饲料的比例适宜、营养物质较全面的优点，同时在配制过程中，适当添加了龙虾特殊需要的维生素和矿物质，以便各种营养成分发挥最大功效，获得最佳的饲养效果（图 2-3）。

图 2-3　配制好的颗粒饲料

24. 如何投喂龙虾？

一般每天两次，分上午、傍晚投放，投喂以傍晚为主，投喂量要占到全天投喂量的 60%~70%，饲料投喂要采取“四看”“四定”的方法。

（1）配合饲料的规格

颗粒饲料具有较高的稳定性，可减少饲料对水质的污染。此外，投喂颗粒饲料时，便于具体观察龙虾的摄食情况，灵活掌握投喂量，可以避免饲料的浪费。最佳饲料颗粒规格随龙虾的增长而增大。

（2）投喂原则

龙虾是以动物性饲料为主的杂食性动物，在投喂上应进行动、植物饲料合理搭配，按“两头精、中间青、荤素搭配、青精结合”的科学投饵原则进行投喂。

（3）“四看”投饵

看季节：5 月中旬前，动、植物性饵料比为 60∶40；5—8 月中旬，为 45∶55；8 月下旬至 10 月中旬为 65∶35。

看实际情况：连续阴雨天气或水质过浓，可以少投喂，天气晴好时适当多投喂；大批虾蜕壳时少投喂，蜕壳后多投喂；虾发病季节少投喂，生长正常时多投喂。既要让虾吃饱吃好，又要减少浪费，提高饲料利用率。

看水色：透明度大于 50 厘米时可多投，少于 20 厘米时应少投，并及时换水。

看摄食活动：发现过夜剩余饵料应减少投饵量。

（4）“四定”投饵

定时：高温时每天两次，最好定到准确时间，调整时间宜半月甚至更长时间才能进行。水温较低时，也可一天喂一次，安排在下午。

定位：沿田边浅水区定点“一”字形摊放，每间隔 20 厘米设一投饵点，也可用投饵机来投喂。

定质：青、粗、精结合，确保新鲜适口，建议投配合饵料、全价颗粒饵料，严禁投腐败变质饵料，其中动物性饵料占 40%，粗料占 25%，青料占 35%，做成团或块，以提高饵料利用率。动物下脚料最好是煮熟后投喂，在田中水草不足的情况下，一定要添加陆生草类的投喂，夏季要捞掉吃不完的草，以免腐烂影响水质。

定量：日投饵量的确定按前文叙述。

（5）牢记“匀、好、足”

匀：表示一年中应连续不断地投以足够数量的饵料，在正常情况下，前后两次投饵量应相对均匀，相差不大。

好：表示饵料的质量要好，要能满足龙虾生长发育的需求。

足：表示投饵量适当，在规定的时间内龙虾能将饲料吃完，不使龙虾过饥或过饱。

25. 龙虾在不同的生长阶段，投喂上有什么区别？

在人工养殖情况下，龙虾整个生长阶段的饲料投喂方法基本上是一样的，只是在不同的生长阶段略有一定区别而已。

（1）不同的生长阶段有不同的饲料供应

为了提供合适的活饵料供幼虾摄食，在稻田中养殖龙虾时，提前培育浮游生物是很有必要的，在放苗前七天向培育稻田内追施发酵过的有机草粪肥，培肥水质，培育枝角类和桡足类浮游动物，为幼虾提供充足的天然饵料，浮游动物也可从池塘或天然水域捞取。另外在幼虾刚能自主摄食时，可向稻田中投喂丰年虫无节幼体、螺旋藻粉等优质饵料。第四次蜕皮后的虾进入体重、体长快速增长期，这时要投足饵料，以浮萍、水花生、苦草、豆饼、麦麸、米糠、植物嫩叶等植物性饲料为主，同时要适当增加低价野杂鱼、水生昆虫、河蚌肉、蚯蚓、蚕蛹、鱼肉糜、鱼粉等动物性饲料的投喂量。成虾养殖可直接投喂绞碎的米糠、豆饼、杂鱼、螺蚌肉、蚕蛹、蚯蚓、屠宰场与食品加工厂的下脚料或配合饲料等，保持饲料蛋白质含量在25%左右就可以。以投喂颗粒饲料效果最好，可避免龙虾争抢饲料、自相残杀。

（2）不同的生长阶段有不同的投喂次数

幼虾体的投喂次数要多一点，一般每天投3~4次，时间在9:00-10:00一次、15:00-16:00喂第二次、日落前后喂第三次，有时夜间也可再喂第四次，投喂量以每万尾幼虾0.15~0.20千克，沿稻田四周多点片状投喂。当幼虾经过多次蜕皮进入壮年虾后，要定时向稻田中投施腐熟的草粪肥，一般每半个月一次，每次每亩100~150千克。同时每天投喂2~3次人工糜状或软颗粒饲料，日投饲量按壮年虾体重的4%~8%投饲，白天投喂占日投饵量的40%，晚上占日投饵量的60%。成虾一天只要投喂2次左右就可以，上午一次，傍晚一次，日投饲量为虾体重的2%~4%。

（3）不同的生长阶段对水草的利用途径不同

在水草利用上有一定区别，幼虾完全是将水草作为隐蔽物、栖息的理想场所，同时也是虾蜕壳的良好场所，而成虾除了以上功能外，还可以将部分水草作为补充饲料，可以大大节约养殖成本。

26. 越来越多的养殖户使用配合饲料养殖龙虾，如何辨别饲料质量?

选择龙虾饲料对于很多养殖户特别是新养殖户来说，难度很大，这里为大家介绍“看、闻、泡”三字辨别法来辨别饲料质量。

（1）看

看颜色：某一种类的饲料，颜色在一定的时间内是相对稳定的，因此在选购同一品牌的龙虾饲料时，如果饲料颜色不对或差别过大，应引起警觉。

看匀细：优质饲料一般都混合得非常匀细，表面光滑，颗粒均匀，制粒冷却良好，不会出现分极现象。劣质饲料因加工设备简陋，很难保证饲料品质，而且会出现很多粉尘，导致很多饲料的浪费。随机从不同的饲料袋里抓几把，即可比较出区别。

看包装：正规厂家包装应美观整齐，厂址、电话、适应品种明确，有在工商部门注册的商标，经注册的商标右上方都有R标注。许多假冒伪劣产品包装袋上的厂址、电话都是假的，更没有注册商标。现在很多饲料和药品国家都规定可以扫二维码查询，正规的、好的饲料是可以通过查询和扫码获得相关信息的。

看生产日期和原料组成成分：尽管有些饲料是正规厂家生产的优质产品，但如果过了保质期，难免变质。应选购包装严密、干燥、疏松、流动性好的产品。如有受潮、板结、色泽差，说明该产品已有部分变质失效，不宜使用。

看效果：也就是进行对比饲喂试验。好的饲料和差的饲料，在经过一个养殖周期大概 40 天就会出现很明显的对比情况，好的饲料养出来的龙虾规格大，颜色好，而且生长周期短；差的饲料使龙虾长得慢，周期长，龙虾规格不齐，而且小。

（2）闻

取少量样品，用鼻子轻轻嗅闻，如果饲料发出的鱼腥味腥而香醇且持久，这说明饲料里鱼粉的添加量正常，而且鱼粉质量也过关，因为好的饲料应有大豆、玉米、鱼粉特有的香味，且会一直保持有那种很厚重的鱼粉的鱼腥味。如果刚闻时鱼腥味非常浓烈甚至刺鼻，但一会儿这种鱼腥味的味道慢慢变淡甚至味道消失，而且时间稍长一点，饲料里还会有一股酸酸的酵香味，这就说明饲料里的鱼粉含量很少或没有，而我们闻到的味道是饲料里添加鱼腥香、鱼腥宝、鱼香精等香味剂而非鱼粉造成的，当然还有一种可能就是鱼粉质量差，酸酸的酵香味是发酵豆粕代替鱼粉的结果，这种饲料对龙虾的生长是没有好处的。

（3）泡

将龙虾饲料放在水里泡几个小时，看看它的保形情况。一般好的龙虾饲料都会保证饲料经过水浸泡 6~9 小时不散，能保持原有的形状，这样做是为了能够在龙虾一整夜的摄食当中维持龙虾饲料的完整性。如果饲料在水中散掉，且成渣滓了，那么龙虾就很难去吃了，这种饲料全部散失在水体里后腐败，对水体有相当大的破坏作用。

第三章
水草与栽培

27. 稻田养殖龙虾时，水草具有什么作用？

俗话说："要想养好虾，应先种好草""虾大小，多与少，看水草"。由此可见，在龙虾的养殖中，水草的多少，在很大程度上决定着龙虾的规格和产量，对养虾成败至关重要。这是因为水草为龙虾的生长发育提供极为有利的生态环境，提高了苗种成活率和捕捞率，降低了生产成本，对龙虾养殖起着重要的增产增效作用。水草在龙虾养殖中的作用具体表现为以下几点：

（1）模拟生态环境

龙虾的自然生态环境离不开水草，"虾大小，看水草"说的就是水草的多寡直接影响龙虾的生长速度和肥满程度。在稻田的田间沟中种植水草可以模拟和营造生态环境，使龙虾产生"家"的感觉，有利于龙虾快速适应环境和快速生长（见彩图7）。

（2）提供丰富的天然饵料

水草营养丰富，富含蛋白质、粗纤维、脂肪、矿物质和维生素等龙虾需要的营养物质；水草茎叶中往往富含维生素C、维生素E和维生素B等，这可以弥补投喂谷物和配合饲料多种维生素的不足。此外，水草中还含有丰富的钙、磷和多种微量元素，其中钙的含量尤其突出，能够补充虾体对矿物质的需求。另外水草中还含有大量活性物质，龙虾经常食用水草，能够消化，促进胃肠功能的健康运转。而稻田中的水草一方面为龙虾生长提供了大量的天然优质的植物性饵料，弥补人工饲料不足，降低了生产成本；另一方面龙虾喜食的水草还具有鲜、嫩、脆的特点，便于取食，具有很强的适口性。同时水草多的地方，依赖水草生存的各种水生小动物、昆虫、小鱼、小虾、软体动物螺、蚌及底栖生物等也随之增加，又为龙虾觅食生长提供了丰富的动物性饵料源。

（3）净化水质

龙虾喜欢在水草丰富、水质清新的环境中生活，水草通过光合作用，能有效地吸收稻田中的二氧化碳、硫化氢和其他无机盐类，降低水中氨氮，起到增加溶氧，净化、改善水质的作用，使水质保持新鲜、清爽，有利于龙虾快速生长，为龙虾提供生长发育的适宜生活环境。另外，水草对水体的 pH 值也有一定的稳定作用（图 3-1）。

图 3-1　稻田中的水草对水质净化很好

（4）增加溶氧

水草通过光合作用，能增加水中溶解氧含量，为龙虾的健康生长提供良好的环境保障。根据我们对养殖户的调查表明，在稻田田间沟中种植水草时，水体里的溶解氧含量要明显比其他水草少的稻田里高许多，这种情况尤其是在高温时更明显。丰富的溶解氧直接影响龙虾的摄食和生长，也就是间接决定了龙虾的产量，试验证明，水草丰富的稻田里的龙虾产量比没有水草的稻田的龙虾产量增产20%左右，规格增大2～3.5克/只，亩效益增加100～150元，因此种草养虾显得尤为重要，在养殖过程中栽植水草是一项不可缺少的技术措施。

（5）隐蔽藏身

龙虾只能在水中作短暂的游泳，平时均在水域底部爬行，特别是夜间，常常爬到各种浮叶植物上休息和嬉戏，因此水草是它们适宜的栖息场所。在稻田的田间沟中种植水草，形成水底森林，正好能满足龙虾这一生长特性，因此它们常常攀附在水草上，丰富的水草既为龙虾提供安静的环境，又有利于龙虾缩短蜕壳时间，减少体能消耗。同时，龙虾蜕壳后成为“软壳虾”，需要几小时静伏不动的恢复期，待新壳渐渐硬化之后，才能开始爬行、游动和觅食；而这一段时间，软壳虾缺乏抵御能力，极易遭受敌害侵袭，水草可起隐蔽作用，使其同类及老鼠、水蛇等敌害不易发现，减少敌害侵袭造成的损失（图3-2）。

（6）提供攀附

龙虾有攀爬习性，在闷热的天气或清晨，尤其是阴雨天，仔细观察便会看到田间沟中的水葫芦、水花生等的根茎部爬满了龙虾，它们将头露出水面进行呼吸，因此水体中的水草为龙虾提供了呼吸攀附物（见彩图8）。

（7）调节水温

养虾稻田中最适应龙虾生长的水温是20～30℃，当水温低于20℃或高

图 3-2　水草丰盛的地方最适宜龙虾隐藏

于 30℃时，都会使龙虾的活动量减少，摄食欲望下降。如果水温进一步变化，龙虾多数会进入洞穴中穴居，影响它的快速生长。在虾沟中种植水草，在冬天可以防风避寒，在炎热夏季可为龙虾提供一个凉爽安定的隐蔽、遮荫、歇凉的生长空间，能遮住阳光直射，可以控制虾沟内水温的急剧升高，使龙虾在高温季节也可正常摄食、蜕壳、生长，对提高龙虾成品的规格起重要作用。

（8）提高成活率

水草可以扩展立体空间，有利于疏散龙虾密度，防止和减少局部龙虾密度过大而发生格斗和残食现象，避免不必要的伤亡。另一方面，水草易使水体保持水体清新，增加水体透明度，稳定 pH 值使水体保持中性偏碱，有利于龙虾的蜕壳生长，提高龙虾的成活率。

（9）有效防逃

在水草较多的地方，常常富积大量的龙虾喜食的鱼、虾、贝、藻等鲜活饵料，使它们产生安全舒适的感觉，一般很少逃逸。因此，虾沟内种植丰富优质的水草，是防止龙虾逃跑的有效措施。

28. 伊乐藻有什么优点？如何种植和管理？

（1）伊乐藻的优点

伊乐藻（图 3-3）是从日本引进的一种水草，原产美洲，是一种优质、速生、高产的沉水植物，具有鲜、嫩、脆的特点，是龙虾优良的天然饲料。伊乐藻的优点是发芽早、长势快，它的叶片较小，不耐高温，只要水面无冰即可栽培。水温 5℃以上即可萌发，10℃开始生长，15℃时生长速度快；当水温达 30℃以上时，生长明显减弱，藻叶发黄，部分植株顶端会发生枯萎。在寒冷的冬季能以营养体越冬，在早期其他水草还没有长起来的时候，只有它能够为龙虾生长、栖息、蜕壳和避敌提供理想场所。伊乐藻植株鲜嫩，叶片柔软，适口性好，其营养价值明显高于苦草、轮叶黑藻，是龙虾喜食的优质饲料，非常适合龙虾的生长所需。伊乐藻在长江流域通常以 4—5 月份和 10—11 月份生物量达最高。

（2）伊乐藻的缺点

伊乐藻的缺点是不耐高温，而且生长旺盛。当水温达到 30℃时，基本停止生长，也容易臭水，因此这种水草的覆盖率应控制在 20%以内，养殖户可以把它作为过渡性水草进行种植。

（3）伊乐藻的种植

栽前准备：一是做好田间沟清整。排干田间沟里的水，每亩用生石灰 150~200 千克化水，趁热全田泼洒，清野除杂，并让沟底充分冻晒半个月，同时做好稻田的修复整理工作。二是注水施肥。栽培前 5~7 天，注水 30 厘米左右深，进水口用 60 目筛绢进行过滤，每亩施腐熟粪肥 300~500 千克，既作为栽培伊乐藻的基肥，又可培肥水质。

图 3-3 伊乐藻

栽培时间：根据伊乐藻的生理特征以及生产实践的需要，我们建议栽培时间在 11 月至翌年 1 月中旬，气温 5℃以上即可生长。如冬季想栽插，须在成虾捕捞后或龙虾入洞冬眠后进行，抽干田间沟里的水，让沟底充分冻晒一段时间，再用生石灰、茶子饼等药物消毒后进行。如果是在春季栽插，应事先将虾种用网圈养在稻田的一角，待水草长至 15 厘米时再放开，否则栽插成活后的嫩芽易被虾种吃掉，或被虾用螯掐断，甚至连根拔起。

栽培方法：① 沉栽法（图 3-4）。每亩用 15~25 千克的伊乐藻种株，将种株切成20~25 厘米长的段，每 4~5 段为一束，在每束种株的基部粘上有一定黏度的软泥团，撒播于沟中，泥团可以带动种株下沉着底，并能很快扎根在泥中。② 插栽法。一般在冬春季进行，每亩的用量与处理方法同上，把切段后的草茎放在生根剂的稀释液中浸泡一下，然后像插秧一样插栽。栽培时不宜栽得过密，距离要拉大些，株行距为 1 米×1.5 米。插入泥中 3~5 厘米，泥上留 15~20 厘米，栽插初期保持水位以插入伊乐藻刚好没头为宜，待水草长满后逐步提高水位。③ 踩栽法。伊乐藻生命力较强，在稻田中种株着泥即可成活。每亩的用量与处理方法同上，把它们均匀撒在田间沟里，水位保持在 5 厘米左右，然后用脚轻轻踩一踩，让它们粘着泥就可以了，10 天后加水。

图 3-4　沉栽伊乐藻

（4）伊乐藻的管理

水位调节：伊乐藻宜栽种在水位较浅处，栽种后 10 天就能生出新根和嫩芽，3 月底就能形成优势种群。平时可按照逐渐增加水位的方法加深田水，至盛夏水位加至最深。一般情况下，可按照“春浅，夏满、秋适中”的原则调节水位。

投施肥料：在施好基肥的前提下，还应根据稻田的肥力情况适量追施肥料，以保持伊乐藻的生长优势。

控温：伊乐藻耐寒不耐热，高温天气会断根死亡，后期必须控制水温，以免伊乐藻死亡导致大面积水体污染。

控高：一旦伊乐藻露出水面，便会因折断而导致死亡，败坏水质，因此不要让它疯长，方法是在5—6月份不要加水太高，应慢慢地控制在60~70厘米，当7月份水温达到30℃，伊乐藻不再生长时，再将水位加到120厘米。

29. 苦草有什么优点？如何种植和管理？

在稻田的田间沟中种植苦草有利于观察饵料摄食，监控水质。

（1）苦草的特性

苦草（见彩图9）又称扁担草、面条草，是典型的沉水植物，高40~80厘米。地下根茎横生；茎方形，被柔毛。叶纸质，卵形，对生，叶片长3~7厘米，宽2~4厘米，先端短尖，基部钝锯齿；苦草喜温暖，耐荫蔽，对土壤要求不严，野生植株多生长在林下山坡、溪旁和沟边；含较多营养成分，具有很强的水质净化能力；在我国广泛分布于河流、湖泊等水域，分布区水深一般不超过2米，在透明度大、淤泥深厚、水流缓慢的水域，苦草生长良好。3—4月份，水温升至15℃以上时，苦草的球茎或种子开始萌芽生长。在水温18~22℃时，经4~5天发芽，约15天，出苗率可达98%以上。苦草在水底分布蔓延的速度很快，通常1株苦草1年可形成1~3平方米的群丛。6—7月份是苦草分蘖生长的旺盛期，9月底至10月初达到最大生物量，10月中旬以后分蘖逐渐停止，生长进入衰老期。

（2）苦草的优缺点

苦草的优点是龙虾喜食、耐高温、不臭水；缺点是容易遭到破坏，特别是高温期给龙虾喂食改口季节，如果不注意保护，破坏十分严重。有些以苦草为主的养殖水体，在高温期不到一个星期，苦草全部被龙虾夹光，养殖户捞草都来不及。如捞草不及时，会出现水质恶化，有的水体甚至发臭，出现“臭绿莎”，继而引发龙虾大量死亡。

（3）苦草的栽培

栽种前准备：一是田间沟清整。排干田间沟里的水，每亩用生石灰150~200千克化水，趁热全田泼洒，清野除杂，并让田底充分冻晒半个月，同时做好田间沟的修复整理工作。

二是注水施肥。栽培前5~7天，注水30厘米左右深，进水口用60目筛绢进行过滤，每亩施草皮泥、人畜粪尿与磷肥混合至1 000~1 500千克作基肥，和土壤充分拌匀待播种，既作为栽培苦草的基肥，又可培肥水质。

三是草种选择。选用的苦草种应籽粒饱满、光泽度好，呈黑色或黑褐色，长度2毫米以上，最大直径不小于0.3毫米，以天然野生苦草的种子为好，其可提高子一代的分蘖能力。

四是做好浸种工作。选择晴朗天气晒种1~2天，播种前，用稻田里的清水浸种12小时。

栽种时间：有冬季种植和春季种植两种，冬季播种时常常用干播法，应利用稻田清整暴晒的时机，将苦草种子撒于沟底，并用耙耙匀；春季种植时常常用湿播法，用潮湿的泥团包裹草籽扔在沟底即可。

栽种方法：① 播种。播种期在4月底至5月上旬，当水温回升至15℃以上时播种，用种量（实际种植面积）15~30克/亩。直接种在田间沟的表面上，播种前向沟中加新水3~5厘米深，最深不超过20厘米。大水面应种在浅滩处，水深不超过1米，以确保苦草能进行充分的光合作用。选择晴天晒种1~2天，然后浸种12小时，捞出后搓出果实内的种子。清洗掉种子上的黏液，将种子与半干半湿的细土或细沙（按1∶10）混合撒播，采用条播或间播均可，下种后薄盖一层草皮泥，并盖草，淋水保湿以利于种子发芽。搓揉后的果实其中还有很多种子未搓出，也撒入沟中。在正常温度18℃以上，播种后 10~15 天即可发芽。幼苗出土后可揭去覆盖物。② 插条。选苦草的茎枝顶梢，具 2~3 节，长约 10~15 厘米作插穗。在 3—4 月份或 7—8 月份按株行距 20 厘米×20 厘米斜插。一般约一周即可长根，成活率达 80% ~90%。③ 移栽。当苗具有两对真叶，高 7~10 厘米时移植最好。定植密度株行距为 25 厘米×30 厘米或 26 厘米×33 厘米。定植地每亩施基肥 2 500 千克，用草皮泥、人畜粪尿、钙镁磷混合混料最好。还可以采用水稻“抛秧法”将苦草秧抛在田间沟（图 3-5）。

图 3-5　稻田里栽好的苦草

（4）苦草的管理

水位控制：种植苦草时前期水位不宜太高，太高了由于水压的作用，会使草籽漂浮起来而不能发芽生根。苦草在水底蔓延的速度很快，为促进苦草分蘖，抑制叶片营养生长，6 月上旬以前，稻田水位控制在 10 厘米以下，只要能满足秧苗和龙虾的正常生长发育所需的水位，应尽可能地降低水位；6 月下旬稻田水位加至 20 厘米左右，此时苦草已基本在田间沟中生长良好，以后的水位按正常的养殖管理进行。

密度控制：如果水草过密，要及时去头处理，以达到搅动水体、控制长势、减少缺氧的作用。

肥度控制：分期追肥 4～5 次，生长前期每亩可施稀粪尿水 500～800 千克，后期可施氮、磷、钾复合肥或尿素。

加强饲料投喂：当正常水温达到 10℃以上时就要开始给龙虾投喂一些配合饲料或动物性饲料，以防止苦草遭到破坏。当高温期到来时，在饲料投喂方面不能直接改口，而是逐步地减少动物性饲料的投喂量，增加植物性饲料的投喂量，以让龙虾有一个适应过程。但是高温期间也不能全部停喂动物性饲料，而是逐步将动物性饲料的比例降至日投喂量的 30%左右。这样，既可保证龙虾的正常营养需求，也可防止苦草遭到过早破坏。

捞残草：每天巡查稻田时，经常把漂在水面的残草捞出沟外，以免破坏水质，影响沟底水草光合作用。

30. 轮叶黑藻有什么优点？如何种植和管理？

（1）轮叶黑藻的特性

轮叶黑藻（见彩图 10），又名节节草、温丝草，因每一枝节均能生根，故有“节节草”之称，是多年生沉水植物，茎直立细长，长 50～80 厘米，叶带状披针形，广布于池塘、湖泊和水沟中。冬季为休眠期，水温 10℃以上时，芽苞开始萌发生长，前端生长点顶出其上的沉积物，茎叶见光呈绿色，同时随着芽苞的伸长，在基部叶腋处萌生出不定根，形成新的植株。轮叶黑藻的再生能力特强，待植株长成又可以断枝再植。轮叶黑藻可移植也可播种，栽种方便，并且枝茎被龙虾夹断后还能正常生根长成新植株而不会死亡，不会对水质造成不良影响，而且龙虾也喜爱采食。因此，轮叶黑藻是龙虾养殖水域中极佳的水草种植品种。

（2）轮叶黑藻优点

轮叶黑藻喜高温、生长期长、适应性好、再生能力强，龙虾喜食，适合于光照充足的稻田、池塘及大水面播种或栽种。轮叶黑藻被龙虾夹断后能节节生根，生命力极强，不会败坏水质。

（3）轮叶黑藻的种植

栽前准备：一是田间沟清整。排干田间沟里的水，每亩用生石灰150~200千克化水，趁热全田泼洒，清野除杂，并让沟底充分冻晒半个月，同时做好稻田的修复整理工作。二是注水施肥。栽培前5~7天，注水30厘米左右深，进水口用60目筛绢进行过滤，每亩施粪肥400千克作基肥。

栽培时间：大约在6月中旬为宜。

栽培方法：① 移栽。将田间沟留10厘米的淤泥，注水至刚没泥。将轮叶黑藻的茎切成15~20厘米小段，然后像插秧一样，将其均匀地插入泥中，株行距20厘米×30厘米。苗种应随取随栽，不宜久晒，一般每亩用种株50~70千克（图3-6）。由于轮叶黑藻的再生能力强，生长期长，适应性强，生长快，产量高，利用率也较高，最适宜在稻田中种植。② 枝尖插植。轮叶黑藻有须状不定根，在每年的4—8月份处于营养生长阶段，枝尖插植3天后就能生根，形成新的植株。③ 芽苞种植。每年的12月至翌年3月是轮叶黑藻芽苞的播种期，应选择晴天播种，播种前向田间沟加注新水10厘米，每亩用种500~1 000克，播种时应按行、株距均为50厘米将芽苞3~5粒插入泥中，或者拌泥沙撒播。当水温升至15℃时，5~10天开始发芽，出苗率可达95%。④ 整株种植。在每年的5—8月份，天然水域中的轮叶黑藻已长成，长达40~60厘米，每亩田间沟一次放草100~200千克，一部分被龙虾直接摄食，一部分生须根着泥存活。

（4）轮叶黑藻的管理

水质管理：在轮叶黑藻萌发期间，要加强水质管理，水位慢慢调高，同

图 3-6　水草的行距和株距

时多投喂动物性饵料或配合饲料，减少龙虾食草量，促进须根生成。

及时除青苔：轮叶黑藻常常伴随着青苔的发生，在养护水草时，如果发现有青苔滋生，需要及时消除青苔。

31. 金鱼藻有什么优点？如何种植和管理？

（1）金鱼藻的特性

金鱼藻（图 3-7），又称为狗尾巴草，是沉水性多年生水草，全株深绿色，长 20~40 厘米，群生于池塘、水沟、稻田、小河、温泉流水及水库中，是龙虾的极好饲料。

（2）金鱼藻的优缺点

优点是耐高温、虾喜食、再生能力强；缺点是生长特别旺盛，容易臭水。

（3）金鱼藻的种植

金鱼藻的栽培（图 3-8）有以下几种方法。

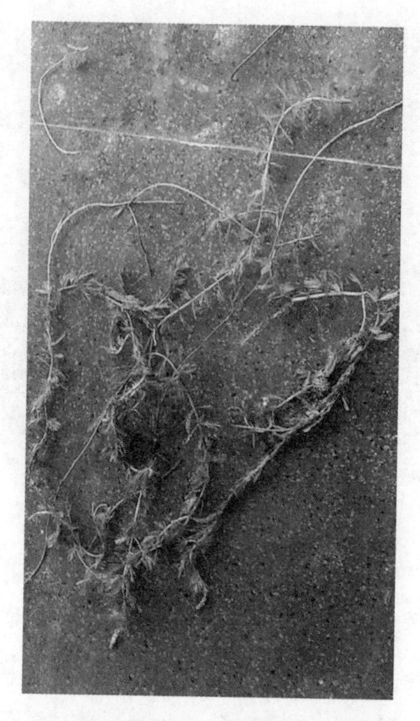

图 3-7　金鱼藻

图 3-8　金鱼藻栽种前的准备工作

一是全草移栽：在每年10月份以后，待成虾基本捕捞结束后，可从湖泊或河沟中捞出全草进行移栽，用草量一般为每亩50~100千克。这个时候进行移栽，因为没有龙虾的破坏，基本不需要进行专门的保护。

二是浅水移栽：这种方法宜在虾种放养之前进行，移栽时间在4月中下旬，或当地水温稳定在11℃即可。首先浅灌沟水，将金鱼藻切成小段，长度约10~15厘米，然后像插秧一样，均匀地插入沟底，亩栽10~15千克。

三是深水栽种：水深1.2~1.5米，金鱼藻的长度留1.2米，水深0.5~0.6米，草茎留0.5米。准备一些手指粗细的棍子，棍子长短视水深浅而定，以齐水面为宜。在棍子入土的一头离10厘米处用橡皮筋绷上3~4根金鱼藻，每蓬嫩头不超过10个，分级排放。一般栽插密度为1米×1米栽1簇。

（4）金鱼藻的栽培管理

水位调节：金鱼藻一般栽在深水与浅水交汇处，水深不超过2米，最好控制在1.5米左右。

水质调节：水清是水草生长的重要条件。水体浑浊，不宜水草生长，建议先用生石灰调节，将水调清，然后种草。

及时疏草：当水草旺发时，要适当把它稀疏，防止其过密后无法进行光合作用而出现死草臭水现象。可用镰刀割除过密的水草，然后及时捞走。

清除杂草：当水体中着生大量的水花生时，应及时将其清除，以防止影响金鱼藻等水草的生长。

32. 水草有哪几种栽培方法?

（1）栽插法

适用于带茎水草，这种方法一般在龙虾放养之前进行，首先浅灌池水，将伊乐藻、轮叶黑藻、金鱼藻、笈笈草、水花生等带茎水草切成小段，长度约20~25厘米，然后像插秧一样，均匀地插入池底。我们在生产中可以简化处理；先用刀将带茎水草切成需要的长度，然后均匀地撒在塘中，塘里保留5厘米左右的水位，用脚或用带叉形的棍子用力踩或插入泥中即可（图3-9）。

图3-9　水草栽插法

（2）抛入法

适用于浮叶植物，先将塘里的水位降至合适的位置，然后将莲、菱、荇菜、莼菜、芡实、苦草等的根部取出，露出叶芽，用软泥包紧根后直接抛入池中，使其根茎能生长在底泥中，叶能漂浮水面即可。

（3）播种法

适用于种子发达的水草，目前最为常用的就是苦草。播种时水位控制在15厘米，先将苦草籽用水浸泡一天，将细小的种子搓出来，然后加入10倍的细沙壤土，与种子拌匀后直接撒播，为了能将种子均匀地撒开，沙壤土要保持略干为好。每亩水面用苦草种子30~50克。

（4）移栽法

适用于挺水植物，先将池塘降水至适宜水位，将蒲草、芦苇、茭白、慈菇等连根挖起，最好带上部分原池中的泥土。移栽前要去掉伤叶及纤细劣质的秧苗，移栽位置可在池边的浅滩处或者池中的小高地上，要求秧苗根部入水在10~20厘米；进水后，整个植株不能长期浸泡在水中，密度为每亩45棵左右。

（5）培育法

适用于浮叶植物，它们的根比较纤细，这类植物主要有瓢莎、青萍、浮萍、水葫芦等，在池中用竹竿、草绳等隔一角落，也可以用草框将浮叶植物围在一起，进行培育。

33. 如何处理水草老化?

水草不仅是龙虾不可或缺的植物性饵料，而且为龙虾的栖息、蜕壳、躲避敌害提供良好的场所。更重要的是，水草在调节养殖稻田水质、保持水质清新、改善水体溶氧状况上作用重大。然而，目前许多龙虾养殖户对于水草，只种不管，认为水草这种东西在野外环境中到处生长，不需要加强管理。其实这种观念是错误的，如果对水草不加强管理的话，不但不能正常发挥水草作用，而且一旦水草大面积衰败时会大量沉积在稻田和沟底，腐烂变质，极易污染水质，进而造成龙虾死亡。

水草老化时体现有：一是污物附着水草，叶子发黄；二是草头贴于水面上，经太阳暴晒后停止生长；三是伊乐藻等水草老化比较严重，出现了水草下沉、腐烂的情况。水草老化对龙虾养殖的影响就是败坏水质、底质，从而影响龙虾的生长（见彩图11）。

水草老化的处理方法：一是对于老化的水草要及时进行“打头”或“割

头”处理；二是促使水草重新生根、促进生长，可通过施加肥料或生化肥等方面来达到目的。

34. 如何处理水草过密？

水草过密（图3-10）对龙虾造成的影响主要是过密的水草会封闭整个稻田田间沟的表面，造成田间沟内部缺少氧气和光照，从而造成整个稻田的龙虾产量下降，规格降低，龙虾甚至会因缺氧而死亡。

图3-10　过密的水草

水草过密的处理方法：一是对过密的水草强行打头或刈割，再将刈割的水草打捞到岸边（图3-11），从而起到稀疏水草的效果；二是对于生长旺盛、过于茂盛的水草要进行分块，一般5~6米用割草机割一宽2米的通道以加强水体间上、下水层的对流及增加阳光的照射，有利于水体中有益藻类及微生物的生长，还有利于龙虾的行动、觅食，增加龙虾的活动空间（图3-12）。

图 3-11　将过密的水草打捞到岸边

图 3-12　割草机割草

35. 如何处理水草过稀？

其一，由水质老化浑浊而造成的水草过稀（图 3-13），水草上附着大量的黏滑浓稠的污泥物，这些污泥物在水草的表面阻断了水草利用光能进行光合作用的途径，从而阻碍了水草的生长发育。处理方法：一是换注新水，促使水质澄清；二是先清洗水草表面的污泥，然后再促使水草重新生根、促进生长。

图 3-13　水草过稀

其二，由于水草根部腐烂、霉变而引起的过稀，进而使整株水草枯萎、死亡。处理方法：一是对已经死亡的水草，要及时捞出，减少对龙虾和稻田的污染；二是用药物对已腐烂、霉变的水草进行氧化分解，达到抑制、减少有害气体及有害菌的作用，从而保护健康水草根部不受侵蚀腐烂、霉变。

其三，由水草的病虫害引起的过稀。飞虫将自己的受精卵产在水草上孵化，这些孵化出来的幼虫需要能量和营养，水草便是最好的能量和营养载体，这些幼虫通过噬食水草来获取营养，导致水草慢慢枯死，从而造成水草稀疏。处理方法：只能以预防为主，可用经过提取的大蒜素制剂与食醋混合后喷洒在水草上，能有效驱虫和溶化分解虫卵。

其四，由龙虾割草而引起的过稀。所谓龙虾割草就是龙虾用大螯把水草夹断，就像人工用刀割的一样，养殖户把这种现象就叫龙虾割草。处理方法：稻田里如果有少量龙虾割草属于正常现象，如果在投喂后这种现象仍然存在，这时可根据稻田的实际情况合理投放一定数量的螺蛳，有条件的尽量投放仔螺蛳。

稻田里如果龙虾大量割草，可能是饲料不足或者龙虾开始发病的征兆。一是针对饲料不足时可多投喂优质饲料；二是配合施用追肥，来达到肥水培藻的目的，也可使用市售的培藻产品来按说明泼洒，以达到培养藻类的效果。

36. 如何控制水草疯长？

随着水温的渐渐升高，田间沟里的水草生长速度也不断加快，在这个时期，如果田间沟中水草没有得到很好的控制，就会出现疯长现象。而且疯长后的水草会出现腐烂现象，直接导致水质变坏，水中严重缺氧，将给龙虾养殖造成严重危害。

对水草疯长的稻田，可以采取多种措施加以控制。一是人工清除。这个方法是比较原始的，劳动力大，但是效果好。具体措施就是随时将漂浮的水草及腐烂的水草捞出；对于沟中生长过多过密的水草可以用刀具割除，每次水草的割除量控制在水草总量的 1/3 以下。二是缓慢加深水位（图 3-14）。一旦发现沟中的水草生长过快时，这时应加深水位让草头没入水面 30 厘米以

图 3-14　缓慢加深水位来控制水草的生长

下，通过控制水草的光合作用来达到抑制生长的目的。在加水时，应缓慢加入，让水草有个适应的过程，不能一次加得过多，否则会发生死草并出现腐烂变质的现象，从而导致水质恶化。

37. 水草上的泥垢有什么危害？如何处理？

稻田里水草上的泥垢对龙虾养殖有明显的危害，主要表现为以下几点：首先，被泥垢覆盖的水草没有活力，净化水和光合作用功能随之降低，直至草死亡；其次，草上泥垢多，时间长了会导致青苔和纤毛虫寄生在水草表面，长期处于泥垢下的草容易寄生纤毛虫，龙虾感染纤毛虫的风险增加；再次，龙虾会缺乏优质的蜕壳环境，环境的恶化会影响虾苗的成活率以及成虾品质，高温季节龙虾发病率上升；最后，尤其是进入5、6月份，部分水草开始进入换季阶段，水草开花、活力降低，此时如果赶上水质不够清澈，水草上的泥垢会越来越多，时间长了会导致水草腐烂死亡。水草腐烂的情况是水草泥垢恶化的初期，一般处理起来还比较容易，但是，如果处理不当，延误了处理的最佳时期，慢慢地就会有青苔和纤毛虫寄生在上面，情况严重的还会寄生一些不常见的蠕虫和原虫，严重影响草的长势和活力。

在水草上泥垢的初期，如果将水草放在水中来回摆动后泥垢可以脱落，还可以通过腐殖酸钠，配合使用改底产品，比较容易除去泥垢，且后续还需要下肥，当水草生长出现新草头，就证明水草恢复了活力。如果泥垢还不能轻易脱落，建议使用草垢净，分解草上泥垢，杀灭部分附着在水草表面的细菌，减少表面黏稠度，促进泥垢脱落，进一步把水草表面泥垢分解、清除，促进有机质转化分解。对于水草活力明显不好的，在第四天的时候，丰富水体中的微量营养元素、糖类和促水草生长因子等，可以快速恢复水草活力，促进水草根茎叶的生长，使水草迅速度过老化、换季期；同时用氨基酸肥水膏或水草专用肥肥水肥草（图 3-15）。

图 3-15 处理后水草恢复生长

当水草上泥垢进入后期时，这时能看到有纤毛虫和青苔附着在草上，此种情况就稍微难处理。应先把纤毛虫和青苔杀灭、抑制住，然后再施以腐殖酸为主要成分的药物，配合活菌王一起处理单纯的水草污垢。当然，若再配合改底和施肥效果会更好。

38. 田间沟里的水草开始腐烂了，该怎么办？

进入高温季节，田间沟里的水草特别是伊乐藻很容易枯萎腐烂，一定要注意平时管理和预防。因为一旦水草开始大面积腐烂，水质会急剧恶化，首先会发浓，呈浓绿色（蓝藻等有害藻类过量繁殖），接着是墨绿色，然后开始发暗，呈灰黑色、暗红色、酱油色（主要是藻类死亡、有机质过多）。随之而来的就是缺氧，龙虾上岸爬到秧苗上，同时产生氨氮、亚硝酸盐等有害物质，这是造成龙虾伤亡的重要原因（图 3-16）。

一旦发现水草开始腐烂，建议及时采取以下措施来缓解症状：一是立刻

图 3-16　池塘里马上腐烂的水草

捞去水面的腐烂、枯萎、衰败的水草，防止在水中继续腐烂坏水；二是加注10~15厘米的新水，然后泼洒降解毒素的产品。

如果水草开始大面积腐烂，这时候要注意千万不可轻易用药，因为此时水体已经处于“三低三高”的状态（即低溶氧、低光照、低缓冲，毒素高、肥度高、病菌高），一旦用药不对路或者用量过大，就会增加水体负担，产生大量副作用（耗氧、中毒等），增加龙虾伤亡。这时候建议以缓解症状为主：一是少量多次地换水20~30厘米，水源必须较清，氨氮、亚硝酸盐正常；二是全池泼洒降解毒素产品，提高水体通透性，缓解应激反应；三是移栽部分水花生和青萍，暂时代替腐烂的水草，稳定水环境，面积在30%左右，不可过多；四是投放螺蛳，净化水质，防止水色过浓，减少氨氮、亚硝酸盐等有害物质产生。与此同时，减少投喂量，尤其是减少精饲料的投喂量，以青粗饲料为主，防止水质更加恶化。

第四章
水稻养殖成虾技术

39. 为什么要选择好稻田?

良好的稻田条件是获得高产、优质、高效的关键之一。稻田是龙虾的生活场所，是它们栖息、生长、繁殖的环境，许多增产措施都是通过稻田水环境作用于龙虾，故稻田环境条件的优劣，对龙虾的生存、生长和发育，有着密切的关系，良好的环境不仅直接关系到龙虾产量的高低，而且对于生产者，能够获得较高的经济效益，同时对长久的发展有着深远的影响。

总的来说，养龙虾的稻田在选择地址时，既不能受到污染，同时又不能污染环境，还要方便生产经营、交通便利且具备良好的疾病防治条件。在场址的选择上重点要考虑以下几个要点，包括稻田位置、面积、地势、土质、水源、水深、防疫、交通、电源、稻田形状、周围环境、排污与环保等诸多方面，需周密计划，事先勘察，才能选好场址。在可能的条件下，应采取措施，改造稻田，创造适宜的环境条件以提高稻田龙虾产量（图 4-1）。

图 4-1　选择良好的稻田养殖龙虾

40. 选择稻田时要注意哪几点？

（1）总体规划的要求

养虾稻田要有一定的环境条件才行，不是所有的稻田都能养虾，一般的环境条件主要有以下几种。

面积：少则十几亩，多则几十亩，上百亩都可，面积大比面积小更好。

自然条件：在规划设计时，要充分勘查了解规划建设区的地形、水利等条件，有条件的地区可以充分考虑利用地势自流进排水，以节约动力提水所增加的电力成本，对连片稻田的进排水渠道、田埂、房屋等建筑物时应注意考虑排涝、防风等问题（图 4-2）。

水源、水质条件：水源是龙虾养殖的先决条件之一。在选水源的时候，首先供水量一定要充足，不能缺水，包括龙虾养殖用水、水稻生长用水以及工人生活用水，确保雨季水多不漫田、旱季水少不干涸、排灌方便、无

图 4-2　适宜养殖龙虾的稻田

有毒污水和低温冷浸水流入；其次是水源不能有污染，水质良好，要符合饮用水标准。在养殖之前，一定要先观察养殖场周边的环境，不要建在化工厂附近，也不要建在有工业污水注入区的附近，机井是人工补水的措施之一（图 4-3）。

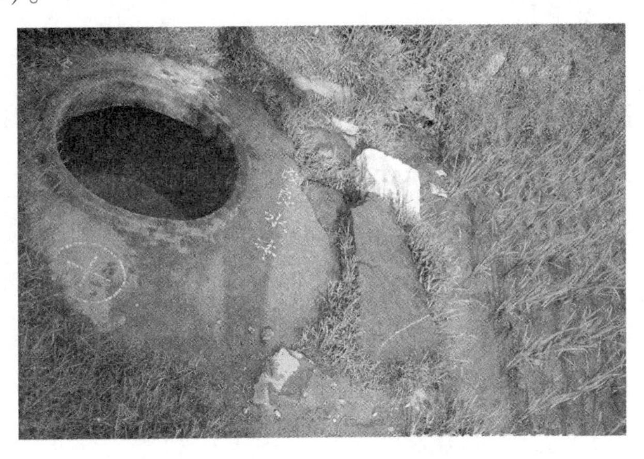

图 4-3　机井是人工补水的措施之一

（2）土壤、土质的要求

稻田的土壤与水直接接触，对水质的影响很大。在养殖前，要充分调查了解当地的地质、土壤、土质状况，要求一是场地土壤以往未被传染病或寄生虫病原体污染过；二是具有较好的保水、保肥、保温能力，还要有利于浮游生物的培育和增殖，不同的土壤和土质对龙虾养殖的建设成本和养殖效果影响很大。根据生产的经验，饲养龙虾稻田的土质要肥沃，以壤土最好，黏土次之，沙土最劣。底质的 pH 值也是考虑的一个重要因素，pH 值低于 5 或高于 9.5 的土壤地区不适宜养殖龙虾。

（3）交通运输条件的要求

交通便利主要是考虑运输的方便，如饲料的运输、养殖设备材料的运输、虾种及成虾的运输等。如果养殖龙虾的稻田的位置太偏僻，交通不便不仅不利于养殖户自己的运输，还会影响客户的来往。另外，养殖龙虾的稻田最好是靠近饲料的来源地区，尤其是天然动物性饲料来源地一定要优先考虑。

41. 如何开挖虾沟？

这是科学养虾的重要技术措施，稻田因水位较浅，夏季高温对龙虾的影响较大，因此必须在稻田四周开挖环形沟。在保证水稻不减产的前提下，应尽可能地扩大虾沟（图 4-4）和虾溜面积，最大限度地满足龙虾的生长需求。虾沟、虾溜的开挖面积一般不超过稻田的 8%，面积较大的稻田，还应开挖“田”字形或“川”字形或“井”字形的田间沟，但面积宜控制在 10%左右。环形沟距田间 1.5 米左右，环形沟上口宽 3 米，下口宽 0.8 米；田间沟沟宽 1.5 米，深 0.5~0.8 米。虾沟既可防止水田干涸和作为烤稻田、施追肥、喷农药时龙虾的退避处，也是夏季高温时龙虾栖息隐蔽遮荫的场所。

虾沟的位置、形状、数量、大小应根据稻田的自然地形和稻田面积的大

图 4-4　正在开挖虾沟

小来确定。一般来说，面积比较小的稻田，只需在田头四周开挖一条虾沟即可；面积比较大的稻田，可每间隔 50 米左右在稻田中央多开挖几条虾沟，当然周边沟较宽些，田中沟可以窄些（图 4-5）。

图 4-5　开挖好的稻田

42. 虾沟有几种形式？各有什么特点？

根据生产实践，目前使用比较广泛的田沟有以下几种。

（1）沟溜式田间沟（图 4-6）

沟溜式的开挖形式有多样，先在田块四周内外挖一套围沟，其宽 5 米，深 1 米，位置离田埂 1 米左右，以免田埂塌方堵塞虾沟，沟上口宽 3 米，下口宽 1.5 米。然后在田内开挖多条“田”“十”“日”“弓”“井”或“川”字形水沟，虾沟宽 60~80 厘米，深 20~30 厘米，在虾沟交叉处挖 1~2 个虾溜，虾溜开挖成方形、圆形均可，面积 1~4 平方米，深 40~50 厘米。虾溜形状有长方形、正方形和圆形等，总面积占稻田总面积的 5%~10%。虾溜的作用是：当水温太高或偏低时，是小龙虾避暑防寒的场所；在水稻晒田和喷农药、施肥时及水稻晒田时和夏季高温时，是龙虾的隐蔽、遮荫、栖息场所，同时虾溜在起捕时便于集中捕捉，也可作为暂养池。

图 4-6　沟溜式田间沟

（2）宽沟式田间沟（图 4–7）

这种稻田工程类似于沟溜式，就是在稻田进水口的一侧田埂的内侧方向，开挖一条深 1.2 米、宽 2.5 米的宽沟，这条宽沟的总面积约为稻田总面积的 7%左右。宽沟的内埂要高出水面 25 厘米左右，每间隔 5 米开挖一个宽 40 厘米的缺口与稻田相连通，这样的目的是保证龙虾能在宽沟和稻田之间顺利且自由地进出。当然，在春耕前或插秧期间，可以让龙虾在宽沟内暂养，待秧苗返青后再让龙虾进入稻田里活动、觅食。

图 4–7　宽沟式田间沟

（3）田塘式田间沟（图 4–8）

也叫鱼凼式田间沟。田塘式有两种：一种是将养鱼塘与稻田接壤相通，龙虾可在塘、田之间自由活动和吃食（图 4–8 上图）；另一种就是在稻田内部或外部低洼处挖一个鱼塘，鱼塘与稻田相通，如果是在稻田里挖塘时，鱼塘的面积占稻田面积的 10%～15%，深度为 1 米。鱼塘与稻田以沟相通，沟宽、深均为 0.5 米（图 4–8 下图）。

图 4-8 田塘式田间沟

（4）垄稻沟鱼式田间沟（图 4-9）

垄稻沟鱼式是把稻田的周围沟挖宽挖深，田中间也隔一定距离挖宽的深沟，所有的宽的深沟都通虾溜，养的龙虾可在田中四处活动觅食。在插秧后，可把秧苗移栽到沟边。沟四周栽上占地面积约 1/4 的水花生作为龙虾栖息场所。

（5）流水沟式田间沟（图 4-10）

流水沟式稻田是在田的一侧开挖占总面积 3%～5%的虾溜。接连虾溜顺

图 4-9　垄稻沟鱼式田间沟

着田开挖水沟，围绕田一周，在虾溜另一端沟与虾溜接壤，田中间隔一定距离开挖数条水沟，均与围沟相通，形成一活的循环水体，这对田中的稻和龙虾的生长都有很大的促进作用。

图 4-10　流水沟式田间沟

(6)“回”形沟式田间沟（图 4-11）

就是把稻田的田间沟或虾沟开挖成“回”字形，这种方式的优点是在水稻生长期，实现了稻虾共生，确保既种稻又养殖龙虾的目的。当稻谷成熟收割后，可以灌溉水位，甚至完全淹没稻田的内部，提高水体的空间，是非常有利于龙虾养殖的。其他要求与沟溜式是相似的。

图 4-11　“回”形沟式田间沟

43. 如何做好龙虾防逃设施？

龙虾防逃设施（图 4-12）有多种，常用的有两种：一种是安插高 55 厘米的硬质钙塑板作为防逃板，埋入田埂泥土中约 15 厘米，每隔 75~100 厘米处用一木桩固定。注意四角应做成弧形，防止龙虾沿夹角攀爬外逃；另一种是采用麻布网片或尼龙网片或有机纱窗和硬质塑料薄膜共同防逃，在易涝的低洼稻田主要以这种方式防逃，用高 1.2~1.5 米的密网围在稻田四周，用高 50 厘米的有机纱窗围在田埂四周，用质量好的直径为 4~5 毫米的聚乙烯绳作为上纲，缝在网布的上缘，缝制时纲绳必须拉紧，针线从纲绳中穿过。然后

图 4-12　建好防逃设施

选取长度为 1.5~1.8 米的木桩或毛竹，削掉毛刺，打入泥土中，一端削成锥形或锯成斜口，沿田埂将桩打入土中 50~60 厘米，桩间距 3 米左右，并使桩与桩之间呈直线排列，稻田的拐角处呈圆弧形。将网的上纲固定在木桩上，使网高保持不低于 40 厘米，然后在网上部距顶端 10 厘米处再缝上一条宽 25 厘米的硬质塑料薄膜即可（图 4-13）。

图 4-13　钙塑板和网做成的防逃网

44. 龙虾放养前要做好哪些准备工作?

放虾前10~15天，清理环形虾沟和田间沟，除去浮土，修正垮塌的沟壁，每亩稻田环形虾沟用生石灰20~50千克，或选用其他药物，对环形虾沟和田间沟进行彻底清沟消毒，杀灭野杂鱼类、敌害生物和致病菌（图4-14）。

图4-14 清理环形虾沟

培肥水体，调节水质，为了保证龙虾有充足的活饵供取食，可在放种苗前一个星期施有机肥，稻田中注水30~50厘米，在沟中每亩施放禽畜粪肥800~1 000千克，以培肥水质，常用的有干鸡粪、猪粪，并及时调节水质，确保养虾水质保持肥、活、嫩、爽、清的要求。

移栽水生植物，就是为了营造龙虾适宜的生存环境，在环形沟及田间沟种植沉水植物，如聚草、苦草、水芋、轮叶黑藻、金鱼藻、眼子菜、慈菇、水花生等，并在水面上移养漂浮水生植物，如芜萍、紫背浮萍、凤眼莲等。但要控制水草的面积，一般水草占环形虾沟面积的40%～50%，以零星分布为好，不要聚集在一起，这样有利于虾沟内水流畅通无阻塞。

在稻田中移栽水草，一般可以分为两种情况进行，一种是在秧苗成活后移栽，另一种是稻谷收获后，人工移栽水草，供来年龙虾使用（图4-15）。

图4-15　栽种水草

45. 龙虾的放养密度有什么讲究？

虾苗密度是虾农最重视的问题之一，究竟多大的密度才能既兼顾产量，又能有效防止疾病，减少养殖风险呢？放养虾苗本身就是个比较复杂的问题，它涉及诸多因素，除了养殖者的技术水平、资金投入外，还与养虾稻田的面积、稻田的合理改造、换冲水的条件、虾苗的规格、混养的品种、饵料的准备等息息相关，过高或过低的密度都是不适宜的。

放苗时一定要根据稻田实际情况确定好合理的放苗密度，具体放养密度依据养虾稻田的条件、技术管理水平、计划产量和预期规格而定。如果稻田中的龙虾苗种放养密度过高，除了会提高苗种的投入外，还会带来饵料成本的增加，更重要的是生产出来的商品虾，由于密度过高，摄食不均，加上水质受到影响，成虾规格普遍偏低；反之，如果放养的虾苗密度太低，稻田的使用率就会降低，不能充分发挥稻田的生产潜力，导致产量就达不到预期的要求，经济效益也会降低。

每亩稻田按 20~25 千克抱卵亲虾放养，雌雄比 3∶1。也可待翌年 3 月份放养幼虾种，每亩稻田按 0.8 万~1.0 万尾投放。注意抱卵亲虾要直接放入外围大沟内饲养越冬，秧苗返青时再引诱虾入稻田生长。在 5 月份以后随时补放，以放养当年人工繁殖的稚虾为主。

46. 龙虾放苗时如何操作?

龙虾苗种的放养也要讲究技巧，这种放养技巧是必须掌握的（图 4-16），马虎不得。

图 4-16　放养虾种操作方式

一是切实掌握适度肥水下苗，也就是要先肥水再放苗，此时水色呈黄绿色或红褐色，透明度35~40厘米。实践证明，入田后的龙虾幼苗主要以摄食水中的浮游生物为主。因此，虾苗下池前，一定要先肥水，使虾苗下池后有充足的饵料。

二是在放苗前必须先对稻田的水质进行试水，确认安全后才能大量放苗。

三是稻田放养虾苗时，一般选择晴天早晨和傍晚或阴雨天进行，这时天气凉快，水温稳定，有利于放养的龙虾适应新的环境。放苗时水温温差不宜超过3℃。

四是放养时，沿沟四周多点投放，使龙虾苗种在沟内均匀分布，避免因过分集中，引起缺氧窒息而虾亡。

五是在放养时，要注意每块稻田中放养的龙虾幼苗最好是同一规格、同一批次的苗种，放养的虾苗应体质健壮、无病伤、规格整齐（图4-17）。

图4-17　非常适合放养的虾种规格和质量

六是放苗操作应缓缓进行，以免生活环境剧烈变化。

47. 亲虾在什么时间放养最好？

理论上来说，只要稻田内有水，就可以放养亲虾，但从实际的生产情况对比来看，放养时间在每年的 8 月上旬（见彩图 12）至 9 月中旬的产量最高。我们在实施“安徽模式”的过程中，经过认真分析和实践，认为一方面是因为这个时间的温度比较高，稻田内的饵料生物比较丰富，为亲虾的繁殖和生长创造了非常好的条件；另一方面是亲虾刚完成交配，还没有抱卵，投放到稻田后刚好可以繁殖出大量的小虾，到翌年 5 月份就可以长成成虾（见彩图 13）。

如果推迟到 9 月下旬以后放养，有一部分亲虾已经繁殖，在稻田中繁殖出来的虾苗的数量相对就要少一些。另外，龙虾的亲虾最好采用地笼捕捞的虾，9 月下旬以后龙虾的运动量下降，用地笼捕捞的效果不是很好，购买亲虾的数量就难以保证，这是值得考虑的一个重要方面。因此，根据稻田养殖龙虾的特点以及多年来的生产实践经验来看，我们建议要趁早购买亲虾，时间定在每年的 8 月初，最迟不能晚于 9 月 25 日。

由于亲虾放养与水稻移植有一定的时间差，因此暂养亲虾是必要的。目前常用的暂养方法有网箱暂养及田头土池暂养，网箱暂养时间不宜过长，否则龙虾会折断附肢且互相残杀现象严重，因此建议在稻田的一头开辟土池暂养。具体方法是亲虾放养前半个月，在稻田田头开挖一条面积占稻田面积 2%~5%的土池，用于暂养亲虾。待秧苗移植一周且禾苗成活返青后，可将暂养池与稻田挖通，并用微流水刺激，促进亲虾进入大田生长，通常称为稻田二级养虾法。利用此种方法既可以有效地提高龙虾成活率，也能促进龙虾适应新的生态环境。

48. 如何鉴别龙虾的苗种质量?

每年都有许多养殖户在购进龙虾苗种后，将其进种入田后，会有大批死亡，损失不小。主要原因有以下几点：一是用药物捕捞的虾苗虾种，农药残留；二是一些承包户的合同到期或者是为了栽秧腾田，就用药强行将龙虾从洞中逼出来；三是不良商人为了逐利，种虾在原来的池中上袋后又入水，强性淹虾增加龙虾重量；四是经过多道虾贩子转手后，造成人为损耗大；五是运输不过关，表现在母虾还带着黑色虾籽，运输路程太远，途中保湿工作不好，许多黑籽回池有不小的损耗；六是虾农自身的原因，有的虾农购苗时只考虑价钱，却不重视虾苗的质量，有的虾农明知虾苗质量差，却存在侥幸心理，认为只要增大虾苗数量就可以解决问题，殊不知由于虾苗质量差，成活率低，想养殖成功谈何容易。

因此虾苗的选购是至关重要的，它将会直接关系到养殖的成败，购苗时，可通过以下三个方法来鉴别龙虾苗种的质量。

看体色：好的龙虾苗群体色素相同，体色鲜艳有光泽，差的虾苗往往体色暗淡。对于亲虾来说，底板干净，没有出现黄底板、黑底板，也没有出现有腐壳（图 4-18）。

看活动能力：将虾苗捕起放在容器内，活蹦乱跳的为好虾苗（见彩图 14），行动迟缓的为差虾苗。

看群体组成：好的健康虾苗规格整齐，大小一致，个体差异不明显，身体健壮，光滑而不带泥，游动活泼，同批中无损伤和畸形苗；差的虾苗规格参差不齐，悬殊较大，个体偏瘦，有些身上还带有污泥，同时也有大量畸形苗出现。

看虾的内部：鳃部干净，没有出现黑鳃、黄鳃，也没有出现水肿现象；

图 4-18　优质的龙虾苗种

肝胰脏没有出现发白、糜烂现象；肠道有食，无肠炎现象。

通过以上几个方面选择市场上最好的虾苗，能够提高龙虾的成活率，减少在苗种这一阶段选择的问题，所以建议养殖者在放苗的时候不要着急，不要盲目的选择苗种，市场上好苗种很多，一定要选择好。

49. 如何提高龙虾苗的存活率？

（1）影响苗种成活率的因素

我们在生产中发现，影响虾苗大量死亡因素有：捕捞操作不当；虾苗装的太多；运输时间过长；水体与虾体温差过大等。龙虾苗种的成活率与其入田时的个体大小、操作技术和运输方法有密切关系，例如体长 1.2~2 厘米的虾苗，如采取氧气袋运输，则成活率很高，可以达 90%以上，如果采取干法运输，则死亡率可达 80%。体长 3~5 厘米的虾苗，只能采取塑料筐干法运输，在塑料筐底部有一层比较密的网布，这样有利于对龙虾苗种的保护，不至于伤害苗种。对较小的苗种也要做好保护，这种保护方式是现阶段市场上面普遍使用的方式。

（2）提高龙虾苗种成活率的措施

改善捕捞操作方法：人工繁殖的虾苗，在捕捞时要用质地柔软的网具从高处往低处慢慢拖曳，如果是采取放水纳苗的方法，则要在接苗处设置网箱并且控制水的流速；如果是采取地笼捕捞，则要每 1~2 小时就把虾苗倒出来，以防密度过大，造成虾苗窒息死亡。

选择适当的容器和适当的运输方式：个体为 1.5~2 厘米的虾苗，尽量采取氧气袋运输，3~5 厘米的虾苗则采取干法运输（图 4-19）。运输时可用泡沫箱或塑料筐装运，但要尽量少装。运输时间要尽量短，一般不超过 2 小时。

图 4-19　干法运输虾种

虾苗投放要注意调节温差：在投放虾苗时，要将容器浸入投放池水中再提起，然后再放入，反复 2~3 次，以调节温差。

虾苗投放的区域：投放虾苗时，要分散投放在稻田的四面处有水草的地方，让龙虾慢慢地自动爬行。

50. 稻田中需要放养螺蛳吗？有什么作用？

螺蛳是龙虾很重要的动物性饵料（图 4-20），螺蛳的价格较低，来源广泛，全国各地几乎所有的水域中都会自然生存大量的螺蛳。向稻田中投放螺蛳一方面可以改善稻田底质、净化水质，另一方面可以补充动物性饵料，具有明显降低养殖成本、增加产量、改善龙虾的品质的作用，从而提高养殖户的经济效益。同时，螺蛳壳与贝壳一样是矿物质饲料，能为龙虾提供大量的钙质，对促进龙虾的蜕壳起到很大的辅助作用。

图 4-20　螺蛳是好饲料

在稻田中进行稻虾连作共生时，适时适量投放活的螺蛳，利用螺蛳自身繁殖力强、繁殖周期短的优势，任其在稻田里自然繁殖。在稻田里大量繁殖的螺蛳以吃浮游动物残体和细菌、腐屑等为食，因此能有效降低稻田中浮游生物含量，起到净化水质、维护水质清新的作用。在螺蛳和水草比较多的稻田环沟里，水质一般都比较清新、爽嫩，原因就在这里。

51. 如何选购螺蛳？

螺蛳可以在市场上直接购买，而且每年在养殖区都会有专门贩卖螺蛳的商户，但是对于条件许可、劳动力丰富的养殖户，我们建议最好是自己到沟渠、鱼塘、河流里捕捞，既方便又节约成本，更重要的是从市场上购买的螺蛳不新鲜，活动能力弱。

如果是购买的螺蛳，要认真挑选，要注意选择优质的螺蛳，可以从以下几点来选择：

第一是要选择螺色青淡、壳薄肉多、个体大、外形圆、螺壳无破损、厣片完整者。同时螺蛳新鲜、杂质少、体壳上无附着青苔的才是优质螺蛳。

第二是要选择活力强的螺蛳，可以用手或其他东西来测试一下，如果受惊时螺体能快速收回壳中，同时厣片能有力地紧盖螺口，那么就是好的螺蛳（见彩图 15）。反之则不宜选购。

第三是要选择健康的螺蛳，螺蛳也是寄生虫、病菌或病毒的携带和传播者，因此，保健养螺又是健康养殖龙虾的关键所在。螺体内最好没有蚂蟥（也就是水蛭）等寄生虫寄生，另外购买螺蛳，要避开血吸虫病易感染地区。

第四是选择的螺蛳壳要嫩、光洁，壳坚硬不利于后期龙虾摄食。

第五是引进螺蛳不能在寒冷结冰天气，避免冻伤死亡，要选择气温相对高的晴好天气。

第六是从螺蛳堆中的不同位置分别抓几把螺蛳靠近鼻尖，闻气味，要是闻不到有死螺臭味，说明这些螺蛳是鲜活的。

第七就是在购买放养的前天晚上，在准备购买的这批螺蛳中抓几斤有代表性的螺蛳撒放在自己塘口的水下塘坡上或浅水处，第二天早晨观察，如果全部爬动或爬走就是健康螺蛳。

52. 螺蛳怎样放养最好？

螺蛳群体呈现出“母系氏族”，雌螺占绝大多数，约占75%~80%，雄螺仅占20%~25%。在生殖季节，受精卵在雌螺育儿囊中发育成仔螺产出。每年的4—5月份和9—10月份是螺蛳的两次生殖旺季。螺蛳是分批产卵型，产卵数量随环境和亲螺年龄而异，一般每胎20~30个，多者40~60个，一年可生150个以上，产后2~3个星期，仔螺重达0.025克时即开始摄食，经过一年饲养便可交配受精产卵，繁殖后代。根据生物学家的调查，繁殖的后代经过14~16个月的生长又能繁殖仔螺。因此许多养殖户为了获得更多的小螺蛳，通常是在清明前每亩放养鲜活螺蛳200~300千克，以后根据需要逐步添加。

总结近几年众多龙虾养殖效益非常好的养殖户的经验，我们建议还是分批放养为好，可以分两次放养，总量在150~200千克/亩。

第一次放养是在3月份左右，投放螺蛳50~100千克/亩，量不宜太大，如果量大水质不易肥起来，就容易滋生青苔、泥皮等。投放螺蛳应以雌螺蛳占多数为佳。一般雌性大而圆，雄性小而长，外形上主要从头部触角上加以区分，雌螺左右两触角大小相同且向前伸展；雄螺的右触角较左触角粗而短，末端向内弯曲，其弯曲部分即为生殖器。

第二次放养是在清明前后，也就是4—5月份，投放100千克/亩。有条件的养殖户最好放养仔螺蛳，这样更能净化水质，利于水草的生长。到了6—7月份螺蛳开始大量繁殖，仔螺蛳附着于稻田的水草上，仔螺蛳不但稚嫩鲜美，而且营养丰富，利用率很高，是龙虾最适口的饵料，正好适合龙虾生长旺期的需要。

53. 如何做好保健养螺工作?

首先是在投放螺蛳前 1 天，使用合适的生化药品来改善底质，活化淤泥，给螺蛳创造良好的底部环境，减少螺蛳携带有害病菌的机会。

其次是在投放时应先将螺蛳洗净，并用对螺蛳刺激性小的药物对螺体进行消毒，目的是杀灭螺蛳身上的细菌及寄生虫，然后把螺蛳放在新活菌王 100 倍的稀释液中浸泡 1 个晚上。

第三是在放养螺蛳的 3 天后使用健草养螺宝（1 桶用 8~10 亩）来肥育螺蛳，增加螺蛳肉质质量和口感，为龙虾提供优良的饵料，增强龙虾体质。以后将健草养螺宝配合钙质如生石灰等，定期使用。

第四是在高温季节，每 5~7 天可使用改水改底的药物，控制寄生虫、病毒和病菌在螺蛳体内的寄生和繁殖，从而大大减少携带和传播。

第五就是为了有利于水草的生长和保护螺蛳的繁殖，在虾种入田前最好用网片将田间沟的一部分圈起来作为暂养区，面积可占稻田田间沟的 5%左右，待水草覆盖率达 40%~50%、螺蛳繁殖已达一定数量时撤除，一般暂养至 4 月份，最迟不超过 5 月底（图 4-21）。

图 4-21　投放到稻田里的螺蛳

54. 什么时候捕捞龙虾最合适？

从理论上说，龙虾生长速度较快，经1~2个月的人工饲养，成虾规格达30克以上时，即可捕捞上市。在生产上，龙虾从4月份就可以捕大留小了，收获以夜间昏暗时为好，对上规格的虾要及时捕捞（图4-22），可以降低稻田中的龙虾密度，有利于稻田中未捕捞的龙虾加速生长。

图4-22　条件合适时就可以捕捞龙虾

但是具体到养殖户这，还有一个心理捕捞的因素决定了捕捞时间。在正常年景，过了6月份后，龙虾的价格会越来越低，一些养殖户认为龙虾还小还可以长大些，期望过两天会涨点价，尤其是当年养殖的新手求胜心理，甚至将捕上岸的虾又往池里倒，这种人不适合养虾，也很难挣到钱。还有的养殖户在栽秧前，认为沟很深，虾可以多留些种。这种想法对于大虾、老虾稍好点，因为它们会很快打洞；但如果是虾苗，遇上大雨后的高温，小虾上田，将会损失惨重。

在这里，我们建议养殖户：一是根据市场行情决定捕捞时间；二是在栽秧前应尽可能快地捕捞，提高经济效益。

55. 龙虾有哪几种捕捞方式？如何操作？

（1）地笼张捕

最有效的捕捞方式是用地笼张捕（图 4–23），地笼网是最常用的捕捞工具。每只地笼长约 10~20 米，分成 10~20 个方形的格子，每只格子间隔的地方两面带倒刺，笼子上方织有遮挡网，地笼的两头分别圈为圆形，地笼网以有结网为好。

图 4–23　捕虾的地笼

当天下午或傍晚把地笼放入田边浅水有水草的地方，里面放进腥味较浓的鱼块、鸡肠等作诱饵效果更好，网衣尾部漏出水面，傍晚时分，龙虾出来寻食时，闻到腥味，寻味而至，碰到笼子后，笼子上方有网挡着，爬不上去，便四处找入口，就钻进了笼子。进了笼子的虾会滑向笼子深处，成为笼中之虾（图 4–24）。

图 4-24　地笼的收放

第二天早晨就可以从笼中倒出龙虾，然后进行分级处理，大的按级别出售，小的继续饲养，这样一直可以持续上市到 10 月底，如果每次的捕捞量非常少时，可停止捕捞（图 4-25）。

图 4-25　地笼捕的虾

（2）手抄网捕捞

把虾网上方扎成四方形，下面留有带倒锥状的漏斗，在田间沟边沿地带或水草丛生处，不断地用杆子赶，虾进入四方形抄网中，提起网，龙虾就留在了网中，这种捕捞法适宜用在水浅而且龙虾密集的地方，特别是在水草比较茂盛的地方效果非常好。

（3）干沟捕捉

抽干稻田虾沟里的水，龙虾便集中在沟底，用人工手拣的方式捕捉。要注意的是，抽水之前最好先将沟边的水草清理干净，避免龙虾躲藏在草丛中；抽水的速度最好快一点，以免龙虾进洞。

第五章
水稻栽培技术

56. 在进行稻田养虾时，水稻的适宜种植方式有哪几种？

在稻虾连作共生种养中，水稻的适宜栽种方式有两种：一种是手工栽插，另一种是采用抛秧技术。综合多年的经验和实际以及栽秧时对龙虾的影响因素，我们建议采用免耕抛秧技术是比较适合的。

稻田免耕抛秧技术是指不改变稻田的形状，在抛秧前未经任何翻耕犁耙的稻田，待水层自然落干或排浅水后，将钵体软盘或纸筒秧培育出的带土块秧苗抛栽到大田中的一项新的水稻耕作栽培技术，这是免耕抛秧的普遍形式，也是非常适用于稻虾连作共生的模式，是将稻田养虾（图 5-1）与水稻免耕抛秧技术结合起来的一种稻田生态种养技术。

水稻免耕抛秧在稻虾连作共生的应用结果表明，该项技术具有省工省力、提高劳动生产率、缓和季节矛盾、保护土壤和增加经济效益等优点，深受渔（农）民欢迎，因而应用范围和面积不断扩大。尤其是免耕抛秧技术无须进入田间，既保护了龙虾及其苗种，又减少了环沟的淤积。

图 5-1　养殖龙虾的稻田

57. 选择水稻品种有什么特别要求？

由于免耕抛秧具有秧苗扎根较慢、根系分布较浅、分蘖发生稍迟、分蘖速度略慢、分蘖数量较少等生长特点，加上养虾稻田一般只种一季稻，选择适宜的高产优质杂交稻品种（图 5-2）是非常重要的。水稻品种要选择分蘖及抗倒伏能力较强、叶片开张角度小，叶片修长、挺直，根系发达、茎秆粗壮、抗病虫害、抗倒伏且耐肥性强的紧穗型且穗型偏大的高产优质杂交稻组合品种，生育期一般以 135~140 天的品种为宜。

由于稻虾连作时龙虾适宜的投放时间在当年的 8 月中旬至 9 月 25 日，起捕时间大多集中在 3 月 20 日至 6 月 10 日，也就是说，中稻要栽的迟、收的早，所以稻虾连作的稻田应选择生育期短的早中熟中稻品种，如杂交粳稻 9 优 418（天协 1 号）、杂交籼稻徽两优 6 号、丰两优 6 号、皖稻 181、中浙优 608、Q 优 108、培两优 288、Ⅱ优 63、D 优 527、两优培九、川香优 2 号等。

图 5-2　优质稻种

为了确保水稻的生长收成和龙虾的养殖两不误，一定要注意两件事：一是水稻的生长期不能超过 145 天；二是栽秧最迟不要超过 6 月 20 日；三是如果采用手撒法或直播法，定要将秧龄期算在内，龙虾收获时间也要提前 20 天左右。

58. 水稻育苗前要做好哪些准备工作?

免耕抛秧育苗方法与常规耕作抛秧育苗大同小异，但其对秧苗质量的要求更高。

（1）苗床地的选择与清理（图 5-3）

免耕抛秧育苗床地比一般育苗要求要略高一些，在苗床地的选择上要求选择没有被污染且无盐碱、无杂草的地方，由于水稻的苗期生长离不开水，因此要求苗床地的进排水良好且土壤肥沃，在地势上要平坦高燥、背风向阳、四周要有防风设施的环境条件。

图 5-3　苗床地的选择与清理

（2）育苗面积及材料

根据需要抛秧的稻田面积来计算育苗的面积，一般按 1∶80～1∶100 的比例进行，也就是说育 1 亩地的苗可以满足 80～100 亩的稻田栽秧需求。

育苗用的材料有塑料棚布、架棚木杆、竹皮子、每公顷 400～500 个的秧盘（钵盘），另外还需要浸种灵、食盐等。

（3）苗床土的配制

苗床土的配制原则要求床土疏松、肥沃，营养丰富、养分齐全，手握时有团粒感，无草籽和石块，更重要的是要求配制好的土壤渗透性良好、保水保肥能力强、偏酸性等（图 5-4）。

图 5-4　配制好苗床土

59. 如何处理水稻种子？

（1）晒种

选择晴天，在干燥平坦地上平铺席子或在水泥场摊开，将种子放在上面，厚度一寸，晒 2~3 天，为了提高种子活性，这里有个小技巧，就是白天晒种，晚上再将种子装起来，另外在晒的时候要经常翻动种子。

（2）选种（图 5-5）

保证种子纯度的最后一关，主要是去除稻种中的瘪粒和秕谷，种植户自己可以做好处理工作。先将种子下水浸 6 小时，多搓洗几遍，捞除瘪粒；去除秕谷的方法也很简单，最好用盐水来选种。方法是先将盐水配制 1：13 比重待用，根据计算，一般可用约 501 千克水加 12 千克盐就可以制备出来，用鲜鸡蛋进行盐度测试，鸡蛋在盐水液中露出水面 5 分硬币大小。把种子放进盐水液中，就可去掉秕谷，捞出稻谷洗 2~3 遍便可。

图 5-5　选好种子是关键一步

（3）浸种消毒

浸种的目的是使种子充分吸水有利发芽；消毒的目的是通过对种子发芽前的消毒，来防治恶苗病的发生几率。目前在农业生产上用于稻种消毒的药剂很多，平时使用较为普遍的就是恶苗净（又称多效灵）。这种药物对预防发芽后的秧苗恶苗病效果极好，使用方法也很简单，取本品一袋（每袋100克），加水50千克，搅拌均匀，然后浸泡稻种40千克，在常温下浸种5~7天就可以了（气温高浸短些，气温低浸长些），浸后不用清水洗可直接催芽播种。

60. 水稻种子如何催芽？

催芽是稻虾连作共作的一个重要环节，就是通过一定的技术手段，人为地催促稻种发芽，这是确保稻谷发芽的关键步骤之一。生产实践表明，在28~32℃温度条件下进行催芽时，能确保发出来的苗芽整齐一致。一些大型的种养户现在都有了催芽器，这时用催芽器进行催芽效果最好。对于一般的种养户来说，没有催芽器，也可以通过一些技术手段来达到催芽的目的，常见的是在室内地上、火炕上或育苗大棚内催芽，效果也不错，经济实用。

这里以一般的种养户来说明催芽的具体操作，第一步是先把浸种好的种子捞出，自然沥干；第二步是把种子放到40~50℃的温水中预热，待种子达到温热（约28℃左右）时，立即捞出；第三步是把预热处理好的种子装到袋子中（最好是麻袋），放置到室内垫好的地上（地上垫30厘米稻草，铺上席子）；或者火炕上，也要垫好，种子袋上盖上塑料布或麻袋；第四步是加强观察，在种子袋内插上温度计，随时看温度，确保温度维持在28~32℃，同时保持种子的湿度；第五步是每隔6个小时左右将装种子的袋子上下翻倒一次，使种子温度与湿度尽量上下、左右保持一致；第六步是晾种，这是因为种子在发芽的过程中自己产生大量的二氧化碳，使口袋内部的温度自然升高，稍不注意就会因高温烤坏种子，所以要特别注意，一般2天的时间就能发芽，当破胸露白80%以上时就开始降温，适当凉一凉，芽长1毫米左右时就可以用来播种。

61. 水稻种子播种前做好哪些工作?

（1）建架棚、做苗床（图5-6）

一般用于水稻育苗棚的规格是宽5~6米，长20米，每棚可育秧苗100平方米左右。为了更好地吸收太阳的光照，促进秧苗的生长发育，架设大棚时以南北向较好。

图5-6　建架棚、做苗床

可以在棚内做两个大的苗床，中间为步道30厘米宽，方便人进去操作和查看苗情，四周为排水沟，便于及时排除过多的雨水，防止发生涝渍。每平方米施腐熟农肥 10~15 千克，浅翻 8~10 厘米，然后搂平，浇透底水。

（2）播种时期的确定

根据当地当年的气温和品种熟期确定适宜的播种日期。这是因为气温决定了稻谷的发芽，而水稻发芽最低温为 10~12℃，因此只有当气温稳定在 5~6℃时方可播种，时间一般在 4 月中上旬左右。

（3）播种量的确定

播种量多少直接影响到秧苗素质，一般来说，稀播能促进培育壮秧。通常，旱育苗每平方米播量干籽 150 克（3 两），芽籽 200 克（4 两），机械插秧盘育苗的每盘 100 克（2 两）芽籽。钵盘育的每盘 50 克（1 两）芽籽。超稀植栽培每盘播 35~40 克（0.7~0.8 两）催芽种子。总之，播种量一定要严格掌握，不能过大，这样对育壮苗和防止立枯病才是极为有利的。

62. 水稻的播种方法有哪几种?

水稻播种的方法通常有三种。

一是隔离层旱育苗播种。在浇透水置床上打孔（孔距 4 厘米，孔径 4 毫米）塑料地膜，接着铺 2.5~3 厘米厚的营养土，每平方米稀释成 1 500 倍敌克松液，5~6 千克，盐碱地区可浇少量酸水（水的 pH 值为 4），然后用手工播种，播种要均匀，播后轻轻压一下，使种子和床土紧贴在一起，再均匀覆土 1 厘米，然后用苗床除草剂封闭。播后在上边再平铺地膜，以保持水分和温度，以利于整齐出苗（图 5-7 和图 5-8）。

二是秧盘育苗播种。秧盘（长 60 厘米，宽 30 厘米）育苗每盘装营养土 3 千克，浇水 0.75~1 千克，播种后每盘覆土 1 千克，置床要平，摆盘时要盘盘挨紧，然后用苗床除草剂封闭。上面平铺地膜。

图 5-7　播种

图 5-8　播种后盖上薄膜

三是采用孔径较大的钵盘育苗播种。钵盘规格目前有两种规格：一种是每盘有 561 个孔，另一种是每盘有 434 个孔。目前常规耕作抛秧育苗所用的塑料软盘或纸筒的孔径都较小，育出的秧苗带土少，抛到免耕大田中秧苗扎根迟、立苗慢、分蘖迟且少，不利于秧苗的前期生长和龙虾及时进入大田生长，因此我们在进行稻虾连作共生精准种养时，宜改用孔径较大的钵体育苗，可提高秧苗素质，有利于促进秧苗的扎根、立苗及叶面积发展、干物质积累、有效穗数增多、粒数增加及产量的提高。由于后一种育苗钵盘的规格能育大苗，因此提倡用434个孔的钵盘，每亩大田需用塑盘42~44个；育苗纸筒的孔径为2.5厘米，每亩大田需用纸筒4册（每册4 400个孔）。播种的方法是先将营养床土装入钵盘，浇透底水，用小型播种器播种，每孔播2~3粒（也可用定量精量播种器），播后覆土刮平。

63. 秧田的几个阶段如何管理?

俗话说“秧好一半稻”。育秧的管理技巧是：要稀播，前期干，中期湿，后期上水，培育带蘖秧苗，秧龄30~40天，可根据品种生育期长短，秧苗长势而定。因此秧苗管理要求细致，一般分四个阶段进行：

第一阶段是从播种至出苗时期。这段时间主要是做好大棚内的密封保温、保湿工作，保证出苗所需的水分和温度，要求大棚内的温度控制在30℃左右，如果温度超过35℃时就要及时打开大棚的塑料薄膜，达到通风降温的目的。这一阶段的水分控制是重点，如果发现苗床缺水时就要及时补水，确保棚内的湿度达到要求（图5-9）。在这一阶段，如果发现苗床的底水未浇透，或苗床有渗水现象时，就会经常出现出苗前芽有干枯现象。一旦发现苗床里的秧苗出齐后就要立即撤去地膜，以免发生烧苗现象。

第二阶段是从出苗开始到出现1.5叶期。在这个阶段，秧苗对低温的抵抗能力是比较强的，管理的重心是注意床土不能过湿，因为过湿的土壤会影响秧苗根的生长，因此在管理中要尽量少浇水；另外就是温度一定要控制好，适宜控制在20~25℃，在高温晴天时要及时打开大棚的塑料薄膜，通风降温（图5-10）。

当秧苗长到一叶一心时，要注意防治立枯病，可用立枯一次净或特效抗枯灵药剂，使用方法为每袋40克对水100~120千克，浇施40平方米秧苗面

图 5-9　加强早期的水分管理

图 5-10　加强秧苗中期的管理

积。如果播种后未进行药剂封闭除草，一叶一心期是使用敌稗草的最佳时期，用 20%敌稗乳油对水 40 倍，于晴天无露水时喷雾，用药量每亩 1 千克，施药后棚内温度控制在 25℃左右，半天内不要浇水，以提高药效。另外，这一阶段的管理工作还要防止苗枯现象或烧苗现象的发生（见彩图 16）。

第三阶段是从1.5~3叶期。这一阶段是秧苗的离乳期前后，也是立枯病和青枯病的易发期，更是培育壮秧的关键时期，所以这一时期的管理工作千万不可放松。由于这一阶段秧苗的特点是对水分最不敏感，但是对低温抵抗性强。因此我们在管理时，都是将床土水分控制在一般旱田状态，平时保持床面干燥就可以，只有当床土有干裂现象时才能浇水，这样做的目的是促进根系发达，生长健壮。棚内的温度可控制在20~25℃，在遇到高温晴天时，要及时通风炼苗，防止秧苗徒长。

在这一阶段有一个最重要的管理工作不可忘记，就是要追一次离乳肥，每平方米苗床追施硫酸铵30克，对水100倍喷浇，施后用清水冲洗一次，以免化肥烧叶。

第四个阶段是从3叶期开始直到插秧或抛秧。水稻采用免耕抛秧栽培时，要求培育带蘖壮秧，秧龄要短，适宜的抛植叶龄为3~4片叶，一般不要超过4.5片叶。抛后大部分秧苗倒卧在田中，适当的小苗抛植，有利于秧苗早扎根，较快恢复直生状态，促进早分蘖，延长有效分蘖时间，增加有效穗数。这一时期的重点是做好水分管理工作，因为这一时期不仅秧苗本身的生长发育需要大量水分，而且随着气温的升高，蒸发量也大，培育床土也容易干燥，因此浇水要及时、充分，否则秧苗会干枯甚至死亡。由于临近插秧期，这时外部气温已经很高，基本上达到秧苗正常生长发育所需的温度条件，所以大棚内的温度宜控制在25℃以内，中午时，全部掀开大棚的塑料薄膜，保持通风，棚裙白天可以放下来，晚上外部在10℃以上时可不盖棚裙。为了保证秧苗进入大田后的快速返青和生长，一定要在插秧前3~4天追一次“送嫁肥”，每平方米苗床施硫铵50~60克，对水100倍，然后用清水洗一次。还有一点需要注意的是为了预防潜叶蝇的危害，在插秧前用40%乐果乳液对水800倍在无露水时进行喷雾。插前用人工拔一遍大草（图5-11）。

图 5-11　秧苗后期的管理要跟上

64. 如何进行抛秧移植操作?

（1）施足基肥

科学配方施肥，增施有机肥。亩产 600 千克，一般亩施纯氮 15 千克，磷、钾素 6~10 千克，氮肥中基蘖肥、穗肥比例，籼稻为 7∶3，粳稻为 6∶4。养虾稻田基肥要增施有机肥，如亩施腐熟菜籽饼 50 千克等；化肥亩施 25%三元复合肥 50 千克、碳铵 25 千克或尿素 7.5 千克。栽后 7 天结合化除亩施分蘖肥尿素 10 千克。抽穗前 18 天左右亩施保花穗肥尿素 6 千克加钾肥 5 千克。

施用有机肥料（图 5-12），可以改良土壤，培肥地力，因为有机肥料的主要成分是有机质，秸秆含有机质达 50%以上，猪、马、牛、羊等禽类粪便有机质含量 30%~70%。有机质是农作物养分的主要资源，还有改善土壤的物理性质和化学性质的功能。

（2）抛植期的确定

抛植期要根据当地温度和秧龄确定，免耕抛秧适宜的抛植叶龄为 3~4 片

图 5-12　施足水稻专用基肥

叶，各地要根据当地的实际情况选择适宜的抛植期，在适宜的温度范围内，提早抛植是取得免耕增产的主要措施之一。

抛秧应选在晴天或阴天进行，避免在北风天或雨天中抛秧。抛秧时大田保持泥皮水，水位不要过深。

（3）抛植密度

抛植密度要根据品种特性、秧苗秧质、土壤肥力、施肥水平、抛秧期及产量水平等因素综合确定。在正常情况下，免耕抛秧的抛植密度要比常耕抛秧的有所增加，一般增加 10%左右，但是在稻虾连作共生精准种养时，为了给龙虾提供充足的生长活动空间，我们还是建议种植密度和常规抛秧的密度相当，每亩的抛植棵数以 1.8 万~1.9 万棵为宜，采取 8 寸×4 寸、9 寸×4 寸或 9 寸×4.5 寸等宽行窄株栽插，一般每亩栽足 1.7 万穴，每穴 4~5 个茎蘖苗，每亩 6 万~8 万基本茎蘖苗（图 5-13）。

图 5-13　抛植后的稻田

65. 如何进行人工移植?

在稻虾连作共生精准种养时，我们重点提倡免耕抛秧，当然还可以实行人工秧苗移植，也就是我们常说的人工栽插。

（1）插秧时期确定

在进行稻虾连作共生精准种养时，人工插秧的时间还是有讲究的，我们建议在农历 5 月上旬插秧（农历 5 月 10 日左右），最迟一定要在农历 5 月底全部插完秧，不插 6 月秧。具体的插秧时间还受下面几点因素影响：一是根据水稻的安全出穗期来确定插秧时间，水稻安全出穗期间的温度以 25～30℃较为适宜，只有保证出穗有适合的有效积温，才能保证安全成熟，根据资料表明，江淮一带每年以 8 月上旬出穗为宜；二是根据插秧时的温度来决定插秧时间，一般情况下水稻生长最低温度 14℃，泥温 13. 7℃，叶片生长温度是 13℃；三是要根据主栽品种生育期及所需的积温量安排插秧期，要保证有足够的营养生长期、中期的生殖期以及后期有一定灌浆结实期。

（2）人工栽插密度（图 5-14）

插秧质量要求垄正行直，浅播，不缺穴。合理的株行距不仅能使个体（单株）健壮生长，而且能促进群体最大发展，最终获得高产。可采取条栽与边行密植相结合，浅水栽插的方法，插秧密度与品种分蘖力强弱、地力、秧苗素质以及水源等密切相关。分蘖力强的品种插秧时期早，土壤肥沃或施肥水平较高的稻田，秧苗健壮，移植密度为 30 厘米×35 厘米为宜，每穴 4~5 棵秧苗，确保龙虾生活环境通风透气性能好；对于肥力较低的稻田，移栽密度为 25 厘米×25 厘米；对于肥力中等的稻田，移栽密度以 30 厘米×30 厘米左右为宜。

图 5-14　人工栽插

（3）改革移栽方式

为了适应稻虾连作共生精准种养的需要，我们在插秧时，可以改革移栽方式，目前效果不错的主要有两种改良方式：一种是三角形种植，30 厘米×30 厘米~50 厘米×50 厘米的移栽密度、单窝 3 苗呈三角形栽培（苗距 6~10 厘米），做到稀中有密、密中有稀，促进分蘖，提高有效穗数；另一种是用正方形种植，也就是行距、窝距相等，呈正方形栽培，这样做的目的是可以改善田间通风透光条件，促进单株生长，同时有利于龙虾的运动和蜕壳生长。

第六章
稻田养殖龙虾的管理

66. 如何调节水位？

水位调节是稻田养虾过程中的重要一环，应以水稻为主，免耕稻田前期渗漏比较严重，秧苗入泥浅或不入泥，大部分秧苗倾斜、平躺在田面，以后根系的生长和分布也较浅，对水分要求极为敏感，因此在水分管理上要掌握勤灌浅灌、多露轻晒的原则。为了保证水源的质量，同时为了保证成片稻田养虾时不相互交叉感染，要求进水渠道最好是单独专用的。

（1）立苗期

抛秧后5天左右是秧苗的扎根立苗期，应在泥皮水抛秧的基础上，继续保持浅水，保持在10厘米左右（图6-1），以利早立苗。如遇大雨，应及时将水排干，以防漂秧。此时期若灌深水，则易造成倒苗、漂苗，不利于扎根；若田面完全无水，易造成叶片萎蔫，根系生长缓慢。这一阶段的龙虾可以暂时不放养，或在稻田的一端进行暂养，也可以放养在田间沟里，具体方法各养殖户可根据自己的实际情况灵活掌握。

图 6-1　立苗期的水位调节

（2）分蘖期

抛秧后 5~7 天，一般秧苗已扎根立苗，并渐渐进入有效分蘖期，此时可以放养龙虾，田水宜浅，一般水层可保持在 10~15 厘米。始蘖至够苗期，应采取薄水促分蘖，切忌灌深水，保证水稻的正常生长（图 6-2）。

（3）孕穗期至抽穗扬花期

这一阶段也是龙虾的生长旺盛期，随着龙虾的不断长大和水稻的抽穗、扬花、灌浆这一阶段均需大量水。在幼穗分化期后保持湿润，在花粉母细胞减数分裂期要灌深水养穗，严防缺水受旱。可将田水逐渐加深到 20~25 厘米，以确保两者（虾和稻）需水量。在抽穗开始后，田中保持浅水层，可慢慢地将水深再调节到 20 厘米以下，既增加龙虾的活动空间，又促进水稻的增

图 6-2　分蘖期的水位调节

产，使抽穗快而整齐，并有利于开花授粉。同时，还要注意观察田沟水质变化，一般每 3~5 天换冲水一次；盛夏季节，每 1~2 天换冲新水，以保持田水清新（图 6-3）。

图 6-3　孕穗期至抽穗扬花期的水位调节

（4）灌浆结实期

灌浆期间采取湿润灌溉，保持田面干干湿湿至黄熟期，注意不能过早断水，以免影响结实率和千粒重。

根据免耕抛秧稻分蘖较迟、分蘖速度较慢、够苗时间比常耕抛秧稻迟2~3天、高峰苗数较低、成穗率较高的生育特点，应适当推迟控苗时间，采取多露轻晒的方式露晒田（图6-4）。

图6-4　灌浆结实期的水位调节

67. 养虾护水为什么要讲究早调微调？

养虾护水的关键是要掌握好平衡点，掌握好度，努力把水环境的变化掌控到最小，而最好的方法就是早调微调。所谓早调，是指养护水环境要主动抓起，要从早期抓起，如果等到水质变化明显了严重了，才去养护就迟了，因为这个时候水环境已经不稳定了，已经给虾造成应激了。所谓微调，是指养护水环境不论采取什么办法都要坚持平缓渐进的原则，酌情减少剂量或少量多次，尽量把应激降到最低限度。

现在养虾的水环境都是人为调控的，一旦虾苗投放之后，养护水环境工作每一天都不能大意，都不能疏忽。现在问题往往不是出在大的方面，而是小的方面，出在细节，比如每天巡田、测水、记录、对比、分析等等，这些细节是否认真细致，直接影响到决策，影响到养殖效果。

解决的办法就是早发觉，早处理，微处理，把问题解决在萌芽状态，把应激控制到最小。比如发现水色变暗，pH 值日变化偏小，情况与前几天有所不同，这表明藻类代谢不畅，表明藻类已经出了问题，虽然短期内虾还不至于发病，但发展下去肯定是危险的，必须尽快查明原因对症处理。

我们在稻田里进行水质调节时，就会发现肥水离不开氨氮，但氨氮又是龙虾致病的原因，解决的办法是每个方面都要兼顾，要早调微调。因为微调实际就是减少用品剂量，如果剂量减少了，互相之间的矛盾就变小了，原来放消毒剂要相隔 3 天才能放微生物制剂，现在第 2 天就可以放了。虽然用品不变，但剂量变了，情况就会跟着变，既能够化小矛盾，又能够最大限度地维护水质的平衡稳定。

68. 如何调节水质?

水是龙虾赖以生存的环境，也是疾病发生和传播的重要途径，因此稻田水质的好坏直接关系到龙虾的生长、疾病的发生和蔓延。除了正常的农业用水外，在龙虾整个养殖过程中，水质调节非常重要，应做到以下几点：

一是定期泼洒生石灰（图 6-5），调节水的酸碱度，增加水体钙离子浓度，供给龙虾吸收。龙虾喜栖居在微碱性水体中，为了保持虾田溶氧量在 5 克/升以上，pH 值 7.5～8.5，在龙虾的整个生长期间，每 10 天向田间沟用 10～15千克生石灰（水深 1 米）化水全田均匀泼洒，使稻田里的水始终呈微碱性（图 6-6）。

二是适时加水、换水。从虾种放养时 0.5～0.6 米始，随着水温升高，视水草长势，每 10～15 天加注新水 10～15 厘米，早期切忌一次加水过多。5 月

图 6-5　用于调节稻田水质的生石灰

图 6-6　投放生石灰后的田间沟

上旬前保持水位 0.7 米，7 月上旬前保持水位 1.2 米左右。在高温季节每天加水、换水一次，形成微水流，促进龙虾蜕壳和生长，先排后灌，换水时换水速度不宜过快，以免对龙虾造成强刺激。在进水时用 60 目双层筛网过滤。

三是做好底质调控工作。在日常管理中做到适量投饵，减少剩余残饵沉底；定期使用底质改良剂（如投放过氧化钙、石灰、沸石等，投放光合细菌，活菌制剂）。

四是合理使用有益微生物制剂来调节水质，水质的调控主要是调好养殖期的水色及控制好水体中理化因子（氨氮、亚硝酸盐等）的含量。养殖期的水色以油绿色为好，养殖水体保持适量的浮游植物（单细胞藻类），对水体中产生的氨氮、亚硝酸盐等有害物质起到净化作用；同时，它又可作为幼虾的饵料。

养殖龙虾时常用的有益微生物有芽孢杆菌、枯草芽孢杆菌、硝化与反硝化细菌、酵母菌、放线菌、EM、光合细菌（图6-7）、蛭弧菌等。用10毫升/米^{3}的生物制剂连续全池泼洒，10~20天为一疗程，并用5%剂量的生物制剂拌饵投喂进行预防。

图6-7　自己培养的光合细菌

使用有益微生物制剂需要注意以下几点事项：一是在使用前先用含氯消毒剂处理水质，杀灭有害细菌，2~3天后再用10毫克/升生物制剂改良水质；二是使用生物制剂必须有一定的浓度才有效，当养殖池中的生物制剂生物活性下降时应予以更新，用量为10毫升/米^3；三是在虾池大量换水之后应及时补充泼洒生物制剂，以维持水体的优良水质；四是要注意如果使用有益微生物制剂不久就泼洒消毒剂时，有益微生物制剂会失效。

69. 稻田里常见的几种不好的水色如何处理？

（1）老绿色（或深蓝绿色）水的处理

稻田中尤其是田间沟里微囊藻（蓝藻的一种）大量繁殖，水质浓浊，透明度在20厘米左右。通常在稻田的下风处，水表层往往有少量绿色悬浮细末，若不及时处理，稻田里的水迅速老化，藻类易大量死亡，如果龙虾长期在这种水体中生活，它们就会容易发病，生长缓慢，活力衰弱。

一旦稻田里的水出现这种情况，一是立即换排水，二是可全田泼洒解毒药剂，减轻微囊藻对龙虾的毒性。

（2）黄泥色水的处理

又称泥浊水，主要是由于稻田尤其是田间沟的底质老化，底泥中有害物质含量超标，底泥丧失应有的生物活性，遇到天气变化就容易出现泥浊现象。还有一种造成黄色水的原因是，稻田中含黄色鞭毛藻，稻田的田间沟中积存太久的有机物，经细菌分解，使稻田里的水pH值下降时易产生此色。养殖户大多采取聚合氯化铝、硫酸铝钾等化学净水剂处理，但是只能有一时之效，却不能除根。

一旦稻田里的水出现这种情况，一是要及时换水，增加溶氧，如pH值太低，可泼洒生石灰调水；二是及时引进10厘米左右的含藻水源；三是用肥水培藻的生化药品在晴天上午9:00全田泼洒，目的是培养水体中的有益藻群；四是待肥好水色、培起藻后，再追肥来稳定水相和藻相，此时将水色由黄色向黄中带绿—淡绿—翠绿转变。

（3）油膜水的处理

就是在稻田里尤其是田间沟的下风处会出现一层像油膜一样的水，这是一种很不好的水色，也是稻田里水质即将发生质变、恶化的前兆。发生这种情况的原因主要有以下几点：一是稻田里的水长期没有更换，形成死水，导致田间沟里的水质开始恶化，沟底部产生大量有毒物质，导致大量浮游生物死亡，尤其是藻类的大量死亡，在下风口水面形成一层油膜；二是在给龙虾大量投喂冰鲜野杂鱼、劣质饲料时，这些饵料没有及时被龙虾摄食完毕，尤其是一些比较肥腻的野杂鱼，它们的内脏没有完全被龙虾吃完，这些内脏的脂肪就会形成残饵漂浮在水面上；三是田间沟里的水草腐烂、霉变产生的烂叶、烂根等漂浮在水中与水中悬浮物构成一道混合膜（见彩图17）。

一旦稻田里的水出现这种情况，一是要加强对养虾稻田的巡查工作，关注下风口处，把烂草、垃圾等漂浮物打捞干净；二是排换水5~10厘米后，使用改底药物全田泼洒，改良底部；三是在改底后的5小时内，施用市售的药品全田泼洒，破坏水面膜层；四是在破坏水面膜层后的第3天用解毒药物进行解毒，解毒后泼洒相关药物来修复水体，强壮水草，净化水质。

（4）黑褐色与酱油色水（见彩图18）的处理

这种水色中含大量的鞭毛藻、裸藻、褐藻等，这种水色一般是管理失常所致，如饲料投喂过多，残饵增多；没有发酵彻底的肥料施用太大或堆肥，导致溶解性及悬浮性有机物增加，水质和底质均老化。这种环境下的龙虾有应激反应，发病率极高。

一旦稻田里的水出现这种情况，一是立即换水一半左右；二是换水后第2天引进3~5厘米的含藻新水；三是向田间沟里泼洒生物制剂如芽孢杆菌等，用量与用法可参考说明。

70. 用什么办法抑制田间沟里的蓝藻爆发?

蓝藻一直是龙虾养殖最难处理的问题之一，有些养殖户水质控制得好，蓝藻就不易形成种群优势，问题不大；而有些则管理不善，导致蓝藻爆发，然后盲目用药，导致情况越来越糟（图6-8）。

首先我们对蓝藻应有一个正确的认识。蓝藻也是一种藻类，只要不让它过量繁殖，用生物制剂配合日常管理来控制，就不会造成太大影响，切勿盲目用药物杀，反而造成副作用。对于蓝藻的处理现在还没有一个完全安全有效的方法，“防”重于“治”，有效的预防比艰难的治疗要省时、省力、省钱的多，所以建议广大养殖户平时注重预防，高温季节控制好投饵量，定期改底和用生物菌调水，培养其他有益藻类，形成优势种群来控制和抑制蓝藻生长，才能从根本上解决蓝藻问题。

图6-8　这样的田间沟里的水体容易滋生蓝藻

一旦田间沟里大量滋生蓝藻后，主要从以下几个方面进行处理：一是换水。换掉部分上层水，约 15～20 厘米，情况严重的可换两次，及时加注新水。上层水蓝藻较厚的话，建议先用拖网拉掉一部分。二是全稻田进行解毒，包括对田间沟和田面都要进行解毒。三是对稻田尤其是田间沟进行改底，蓝藻一般呈富营养化，底质腐殖质过多，溶氧较低，氧化底泥以提高溶氧。四是及时调水，主要是补充有益菌，加快水体过多营养物质的吸收，抑制蓝藻过量繁殖。

71. 龙虾养殖前期如何肥水？

如果发现稻田里的水很清透，青苔严重（见彩图 19），这就说明养殖前期的水没有肥起来。那么，如何做好养殖前期的肥水工作呢？

一是选择好肥料。我们在稻田里养殖龙虾时，常见的肥水肥料就是化肥、有机肥（粪肥）和生物肥三种。很多养殖户图便宜都选择了化肥，用化肥时，稻田里的水虽然肥得很快，可是清的也很快，用多了反而会败坏水质，致使一些有害藻类生长起来；有机肥肥水效果也是可以的，但是它的弊端也是很直观的，操作不当容易滋生虫子，处理起来很麻烦，可能藻类生长的还没虫子快，反而把水搞得更瘦，甚至出现白浊；生物肥是现在我们主推的肥水方式，没有危害，而且肥效持久种类多，效果稳定，并且可以被藻类充分吸收利用。

二是根据不同的情况使用好生物肥。如果前期温度低，稻田里的水温也低，藻类难以繁殖生长，在低温环境下肥水困难，藻类生命力也降低，这时需要选择专门针对低温肥水困难的生物肥，目的是能快速提高低温藻类的活力，加速其生长繁殖，给藻类提供促长因子。

如果田间沟里的水体清澈见底，说明水体中本身就缺乏藻类。“巧妇难为无米之炊”，水中没有藻类，即使肥料再好也没有被有效吸收利用，当然也就没有效果了，这时就需要选择带有优质藻种的肥，专门针对清水肥水，效果显著。

如果水体有藻色，但是略微带浑，总觉得水不够肥，肥效不够久，这时需要选择肥效持久，且能充分利用水中有机质的肥水膏，肥效持久，可以给藻类提供持久的肥料，还能充分利用水中悬浮在水体中的有机质来肥水，效果明显且持久。

72. 降雨频繁时，龙虾如何管理？

降雨频繁时，水温会降低，光照会减少，水草的活力会降低，龙虾的摄食也会受到影响，因此一定要做好稻田里的管理工作，才能保证龙虾养殖的成功。

一是预防水草腐烂。频繁降雨，稻田的水位会上升，田里的水体易混浊，加之长期阴雨天，水体溶氧量低，底质易恶化，水草极易烂根。因此，在降雨后必须赶紧抽排稻田里过多的水，将水位降低至平时的位置，只要保持水位达到秧苗的根部就可以了。此外，对田间沟里水草过密的要及时捞出一些，保持合理的水草覆盖率。

二是科学投饵。降雨后，龙虾对饲料消化吸收差，这时宜减少投喂量甚至不投喂，待天气转晴后的 3 天内应适当控制饲料投喂量，开始时投喂正常量的 1/3，3~5 天后逐步调整到正常投喂量。

三是维持良好藻相和菌相。频繁降雨会造成稻田里的浮游生物大量死亡，致病菌滋生。因此建议在频繁的雨后，使用 EM 菌或芽孢杆菌全田泼洒，同时每亩施生物肥料 2.5~5.0 千克，培育良好藻相和菌相，注意在使用生物制剂和生化肥时要及时开启增氧设施。

四是规范养殖管理。在降雨过后要规范养殖管理，尤其要坚持早晚巡田，观察记录龙虾的活动情况、摄食情况、体色情况、水质变化情况以及天气变化情况，做到勤观察，细分析，找原因，快处理。及时捞出患病龙虾，检查症状，咨询专家，分析原因，采取相应的对策。

五是降低应激反应。雨中及雨后的水温、pH 值、溶解氧等变幅过大时，会引起龙虾应激反应，降低抵抗力，如处置不当极易引发病害。因此，雨中、雨后应及时全池泼洒提高应激反应的药物，同时在饲料中添加 Vc、免疫多糖、酵母菌等提高免疫力的制剂，以提高龙虾免疫力，提高龙虾在恶劣气候下的抗应激能力。

73. 底质对龙虾有什么影响?

龙虾具是典型的底栖类生活习性，它们的生活生长都离不开底质，因此稻田底质尤其是田间沟底质的优良与否会直接影响龙虾的活动能力，从而影响它们的生长、发育，甚至影响它们的生命，进而会影响养殖产量与养殖效益。

底质，尤其是长期养殖龙虾的稻田底质，往往是各种有机物的集聚之所，这些底质中的有机质在水温升高后会慢慢地分解。在分解过程中，它一方面会消耗水体中大量的溶解氧来满足分解作用的进行；另一方面，在有机质分解后，往往会产生各种有毒物质，如硫化氢、亚硝酸盐等，结果就会导致龙虾因为不适应这种环境而频繁地上岸或爬上草头，轻者会影响它们的生长蜕壳，造成上市龙虾的规格普遍偏小，价格偏低，养殖效益也会降低，严重的则会导致龙虾中毒，甚至死亡（见彩图 20）。

底质在龙虾养殖中还有一个重要的影响就是会改变它们的体色，从而影响出售时的卖相。在淤泥较多的黑色底质中养殖的龙虾，常常一眼就能看出是铁壳虾，它们的具体特征就是甲壳灰黑，呈铁锈色，肉松味淡，商品价值非常低。

铁壳虾（见彩图 21）又叫铁锈虾，就是指龙虾的身体很黑、很脏，既像长满了铁锈一样，也像用一层厚厚的铁壳罩在龙虾身体上，由于铁壳虾的肉质不好且肉少壳厚，口感粗糙，卖相差，所以价格也低。

74. 底质与龙虾的疾病有关联吗？

在淤泥较多的田间沟中，有机质的氧化分解会消耗掉底层本来并不多的氧气，造成底部处于缺氧状态，形成所谓的“氧债”。在缺氧条件下，厌气性细菌大量繁殖，分解田间沟底部的有机物质而产生大量有毒的中间产物，如 NH_3、NO_2^-、H_2S、有机酸、低级胺类、硫醇等。这些物质大都对龙虾有着很大的毒害作用，并且会在水中不断积累，轻则会影响龙虾的生长，饵料系数增大，养殖成本升高，重则会增加龙虾对细菌性疾病的易感性，导致龙虾中毒死亡。另一方面，当底质恶化，有害菌会大量繁殖，水中有害菌的数量达到一定峰值时，龙虾就可能发病，如龙虾甲壳的溃烂病、肠炎病等。

75. 科学改底用什么方法？

（1）微生物或益生菌改底

提倡采用微生物型或益生菌来进行底质改良，达到养底护底的效果。充分利用复合微生物中的各种有益菌的功能优势，发挥它们的协同作用，将残饵、排泄物、动植物尸体等使底质变坏的隐患及时分解消除，可以有效地养护底质和水质，同时还能有效地控制病原微生物的蔓延扩散。

（2）快速改底

快速改底可以使用一些化学产品混合而成的改底产品，但是从长远的角度来看，还是尽量不用或少用化学改底产品，建议使用微生物制剂的改底产品，通过有益菌如光合细菌、芽孢杆菌（图 6-9）等的作用来达到改底的目的。

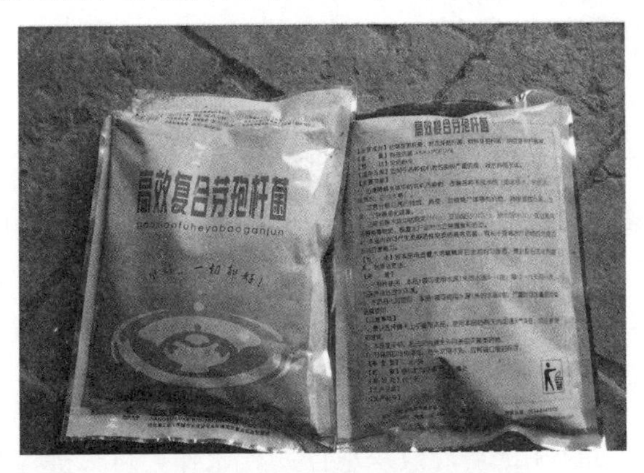

图 6-9　芽孢杆菌改底效果显著

（3）间接改底

在龙虾养殖过程中，一定要做好间接改底的工作，可以在饲料中长期添加大蒜素、益生菌等微生物制剂，因为这些微生物制剂是根据动物正常的肠胃菌群配制而成，利用益生菌代谢的生物酶补充龙虾体内的内源酶的不足，促进饲料营养的吸收转化，降低粪便中的有害物质的含量，排出来的芽孢杆菌又能净水，达到水体稳定、及时降解有害物质的目的，全方面改良底质和水质。所以微生物制剂不仅能降低龙虾的饵料系数，还能从源头上解决龙虾排泄物对底质和水质的污染，节约养殖成本。

（4）采用生物肥培养有益藻类

定向培养有益藻类，适当施肥并防止水体老化。养殖稻田不怕“水肥”，而是怕“水老”，因为“水老”，藻类才会死亡，才会出现“水变”，水肥不一定“水老”。可以定期使用优质高效的水产专用肥来保证肥水效率，如“生物肥水宝”“新肽肥”等。这些肥水产品都能被藻类及水产动物吸收利用，不污染底质。

76. 如何对稻田进行施肥？

大田肥料施用量和施肥方法要根据稻田表土层富集养分、下层养分较少的养分分布特点和免耕抛秧稻扎根立苗慢、根系分布浅、分蘖稍迟、分蘖速度较慢、分蘖节位低、够苗时间较迟、苗峰较低等生育特点进行。我们在进行稻虾连作共作精准种养时，稻田一般以施基肥和腐熟的农家肥为主，促进水稻稳定生长，保持中期不脱力，后期不早衰，群体易控制。在抛秧前2~3天施用，采用有机肥和化肥配合施用的增产效果最佳，且兼有提高肥料利用率、培肥地力、改善稻米品质等作用，每亩可施农家肥300千克，尿素20千克，过磷酸钙20~25千克，硫酸钾5千克。如果采用复合肥作基肥，每亩可施15~20千克。

放虾后一般不施追肥，以免降低田中水体溶解氧，影响龙虾的正常生长。如果发现稻田脱肥，可少量追施尿素，采取勤施薄施方式，每亩不超过5千克，以达到促分蘖、多分蘖、早够苗的目的。原则是“减前增后，增大穗、粒肥用量”，要求做到“前期轰得起（促进分蘖早生快发，及早够苗），中期控得住（减少无效分蘖数量，促进有效分蘖生长），后期稳得起（养根保叶促进灌浆）”。施肥的方法是先排浅田水，让虾集中到虾沟中再施肥，有助于肥料迅速沉积于底泥中并为田泥和禾苗吸收，随即加深田水到正常深度；也可采取少量多次、分片撒肥或根外施肥的方法。在水稻抽穗期间，要尽量增施钾肥，可增强抗病，防止倒伏，提高结籽率，成熟时杆青籽黄，不易倒伏。

77. 如何对稻田进行施药？

稻田养虾能有效抑制杂草生长，龙虾摄食昆虫，降低病虫害，所以要尽量减少除草剂及农药的施用。龙虾入田后，若再发生草荒，可人工拔除。如果确因稻田病害或虾病严重需要用药时，应掌握以下几个关键：① 科学诊断，对症下药；② 选择高效低毒低残留农药；③ 由于龙虾是甲壳类动物，对含膦药物、菊酯类、拟菊酯类药物特别敏感，因此慎用敌百虫、甲胺膦等药物，禁用敌杀死等药；④ 喷洒农药时，一般应加深田水，降低药物浓度，减少药害，也可放干田水再用药，待 8 小时后立即上水至正常水位；⑤ 粉剂药物应在早晨露水未干时喷施，水剂和乳剂药应在下午喷洒；⑥ 降水速度要缓，等虾爬进虾沟后再施药；⑦ 可采取分片分批的用药方法，即先施稻田一半，过两天再施另一半，同时要尽量避免农药直接落入水中，保证龙虾的安全。

78. 为什么要烤田？如何烤田？

水稻在生长发育过程中的需水情况是在变化的，养鱼的水稻田，养虾需水与水稻需水是主要矛盾。田间水量多，水层保持时间长，对虾的生长是有利的，但对水稻生长却不利。农谚对水稻用水进行了科学的总结，那就是“薄水浅栽、深水活棵、浅水分蘖、脱水晒田、复水长粗、间歇灌水孕穗、厚水抽穗、湿润灌浆、干湿交替以湿为主到成熟”。具体来说，就是当秧苗在分蘖前期湿润或浅水干湿交替灌溉促进分蘖早生快发；到了分蘖后期“够苗晒田”，即当全田总苗数（主茎+分蘖）达到每亩 15 万～18 万时排水晒田，如长势很旺或排水困难的田块，应在全田总苗数达到每亩 12 万～15 万时开始排水晒田；到了稻穗分化至抽穗扬花时，可采取浅水灌溉促大穗；最后在灌浆结实期时，可采用干干湿湿交替灌溉、养根保叶促灌浆的技术措施（图 6–10）。

有经验的老农常常会采用晒田的方法来抑制无效分蘖，这时的水位很浅，这对养殖龙虾是非常不利的，因此做好稻田的水位调控工作是非常有必要的。

图 6-10　抛秧水稻的晒田

生产实践中我们总结一条经验，那就是“平时水沿堤，晒田水位低，沟溜起作用，晒田不伤虾”。晒田前，要清理虾沟虾溜，严防虾沟里阻隔与淤塞。稻虾共生稻田，为了保证龙虾的生长觅食，晒田总的要求是轻晒或短期晒，晒田时，沟内水深保持在 13~17 厘米，使田块中间不陷脚，田边表土不裂缝和发白，以见水稻浮根泛白为适度。晒好田后，及时恢复原水位。尽可能不要晒得太久，以免虾缺食太久影响生长（图 6-11）。

图 6-11　人工栽秧水稻的晒田

79. 如何预防病虫害?

水稻的病害预防主要是做好稻瘟病、纹枯病、白叶枯病、细菌性条斑病及三化螟、稻纵卷叶螟、稻飞虱等病虫害的防治。特别要注意加强对三化螟的监测和防治，浸田用水的深度和时间要保证，尽量降低三化螟虫源。同时，防治螟虫要细致、彻底。龙虾对菊酯类农药特别敏感，所有的用药一定要用低毒、高效的生化药物，不得用相关部门禁用的药物，尤其是不得使用菊酯类、拟菊酯类、有机膦类药物，例如养虾田水稻治虫应禁用敌杀死、慎用敌百虫等农药，以免毒杀稻田里的龙虾。水稻病虫防治应选用高效、低毒、低残留农药。施药时要严格掌握安全使用浓度，确保龙虾安全，农药多喷入叶面和稻株，尽量不入水中；喷药时加深田水，可降低水中药物浓度；喷药宜在下午进行。稻虾共生稻田，用药后及时换一次新鲜水。

对于稻田的虫害，可以减少施药次数，可在稻田里设置太阳能杀虫灯，利用物理方法杀死害虫，同时这些落到稻田里的害虫也是龙虾的好饵料（图6-12）。

草害根据草相选药防除。对以稗草、莎草、阔叶草为主的移栽大田，在栽后7天，每亩用14%乙苄可湿性粉剂50克，或36%二氯苄可湿性粉剂30~35克，结合追施蘖肥同时进行。稻虾共生稻田，一些嫩草被龙虾吃掉，但稗草等杂草要用人工薅除。

对龙虾病害防治，在整个养殖过程中，始终坚持“预防为主、治疗为辅”的原则。预防方法主要有：清淤和消毒，种植水草和移植螺蚬，苗种检疫和消毒，调控水质和改善底质。

常见的敌害有水蛇、青蛙、蟾蜍、水蜈蚣、老鼠、黄鳝、泥鳅、鸟等，应及时采取有效措施驱逐或诱灭，平时及时做好灭鼠工作，春夏季需经常清

图 6-12　太阳能杀虫灯

除田内蛙卵、蝌蚪等。我们在安徽省全椒县的赤镇发现，水鸟和麻雀都喜欢啄食刚蜕壳后的软壳虾，因此一定要注意及时驱除。在放虾初期，稻株茎叶不茂，田间水面空隙较大，此时虾个体也较小，活动能力较弱，逃避敌害的能力较差，容易被敌害侵袭。同时，龙虾每隔一段时间需要蜕壳生长，在蜕壳或刚蜕壳时，最容易成为敌害的适口饵料。到了收获时期，由于田水排浅，虾有可能到处爬行，目标会更大，也易被鸟、兽捕食（图 6-13）。

对此，要加强田间管理，并及时驱捕敌害，有条件的可在田边设置一些彩条或稻草人，恐吓、驱赶水鸟，最好在田间沟上方架设防鸟网（见彩图 22）。

现在有种比防鸟网更省钱更有效的方式就是挑单丝，方法很简单，就在

图 6-13　众多的鸟儿对龙虾来说是灾难

稻田四周栽几根坚固的柱子，用粗铁丝拉牢，高度大约 2 米左右，每隔 40 厘米在稻田的两端拉一根单丝，鸟儿从天上往下看好似天罗地网，想进入稻田时展开的翅膀就会碰到细丝，就不敢也无法进入稻田了（见彩图 23）。另外，当虾放养后，还要禁止家养鸭子下田沟，避免损失。

龙虾的疾病目前发现很少，但也不可掉以轻心，目前发现的主要是纤毛虫的寄生。因此要抓好定期预防消毒工作，在放苗前，稻田要进行严格的消毒处理，放养虾种时用 5%食盐水浴洗 5 分钟，严防病原体带入田内，采用生态防治方法，严格落实“以防为主、防重于治”的原则。每隔 15 天用生石灰 10~15 千克/亩溶水泼洒全虾沟，不但起到防病治病的目的，还有利于龙虾的蜕壳。在夏季高温季节，每隔 15 天，在饵料中添加多维素、钙片等药物以增强龙虾的免疫力。

80. 龙虾蜕壳时，为什么要加强保护？

龙虾只有蜕壳才能长大，蜕壳是龙虾生长的重要标志，在条件合适的情况下，5 克左右的小虾苗每 3~4 天会蜕壳一次；10~20 克的小虾在 4~6 天蜕壳一次；30 克以上的大虾一般 10 天蜕壳一次，1~2 天壳变硬。在龙虾的一生中可以蜕壳 13 次。

龙虾只有在适宜的蜕壳环境中才能正常顺利蜕壳，它们要求浅水、弱光、安静、水质清新的环境和营养全面的优质适口饵料。如果不能满足上述生态要求，龙虾就不易蜕壳或因蜕壳不遂而死亡。

龙虾正在蜕壳时，常常静伏不动，如果受到惊吓或者虾壳受伤，那么蜕壳的时间就会延长，如果蜕壳发生障碍，就会引起死亡。龙虾蜕壳后，机体组织需要吸水膨胀，此时其身体柔软无力，俗称软壳虾，需要在原地休息一段时间，才能爬动，钻入隐蔽处或洞穴中，故此时极易受同类或其他敌害生物的侵袭。因此，每一次蜕壳，龙虾会完全丧失抵御敌害和回避不良环境的能力，对龙虾来说都是一次生存难关。在人工养殖时，促进龙虾同步蜕壳和保护软壳虾是提高龙虾成活率的关键技术之一，也是减少疾病发生的重要举措。

81. 龙虾蜕壳时，该如何保护？

一是为龙虾蜕壳提供良好的环境，给予其适宜的水温和水位，有充分的水草等隐蔽场所和充足的溶氧，供龙虾蜕壳（图 6-14）。

二是放养密度合理，以免因密度过大而造成相互残杀。

三是龙虾放养规格尽量一致。

图 6-14　充分的水草可以保护龙虾蜕壳

四是在每次蜕壳来临前，要投含有钙质和蜕壳素的配合饲料，力求同步蜕壳，而且必须增加动物性饵料的数量，使动物性饵料比例占投饵总量的1/2以上，保持饵料的喜食和充足，以避免因饲料不足而残食软壳虾。

五是在蜕壳期间，需保持水位稳定，一般不需换水，可以临时提供一些水花生、水浮莲等作为蜕壳场所，并保持安静。

82. 为什么龙虾会蜕壳不遂？如何防治？

（1）导致龙虾蜕壳不遂的原因

① 水环境对蜕壳的影响

水中钙不足：钙是龙虾蜕壳所必需的物质基础，龙虾在蜕壳时是需要通过水体吸收大量的钙，如果水中钙不足，不能为龙虾提供新壳所需要的钙，那么就会造成龙虾蜕壳不遂。

干扰大：主要体现在稻田里的龙虾放养密度过大，造成它们相互干扰，因为龙虾蜕壳时需要一个相对安静的环境和独立的空间，既不能被别的生物所侵袭，也不能有别的同伴干扰。一旦相互干扰，一是会造成龙虾蜕壳时紧张，二是会使蜕壳时间延长，或者壳蜕不出而死亡。

水温突变：龙虾在蜕壳时体质是最虚弱的时候，这个时候需要相对安静和平和的环境，如果水体温度变化过大，会让它产生应激性反应，而无力蜕壳，另外过低或过高的温度也会阻碍蜕壳。

私密性差：主要体现在秧苗尚未栽插时，自然光照太强，稻田里水的透明度太大，尤其是田间沟里的透明度过大，清晰见底，阳光直射到田间沟的底部会让龙虾感到私密性差，没有安全感，从而整天在稻田里乱游而不蜕壳（图 6-15）。

图 6-15　私密性差易导致龙虾蜕壳不遂

水质不良，底质恶化：当稻田（主要是田间沟）长期处于低溶氧状况下，或夜间溶解氧偏低，水底有害物质过多，龙虾处于高度应激状态，无力蜕壳。

② 龙虾自身的影响

营养不足，体质虚弱：龙虾在蜕壳时需要自身提供大量的能量，而这些能量得靠营养物质来转化。所以在龙虾蜕壳前，最好投喂高动物蛋白饵料。

病虫害影响蜕壳：龙虾得病后，进食减少，体质虚弱，蜕壳时体力衰竭，轻则无力蜕壳，重则导致死亡。最明显的就是龙虾患上纤毛虫时，会导致壳脱不掉或者是蜕壳很难。

（2）防治措施

① 定期改底调水，让水环境达到最优，蜕壳得到保证（见彩图 24）。

② 保持水体中的钙元素充分，最好是一周用一次专门用于促进龙虾蜕壳的含钙质丰富的药物，也可以用石灰水来调节，让水中钙元素充足，也让蜕壳后的龙虾能短时间变硬，安全度过危险期。

③ 在蜕壳前一定要喂好饲料，让龙虾有个好的健康体质来蜕壳，在投喂高蛋白饵料时，最好伴内服，让龙虾能更好更安全。

④ 定期杀菌消毒，减少龙虾在蜕壳时病虫害对它的影响，建议用温和些的碘制剂，对龙虾刺激性小，才能让其更顺利地度过蜕壳期。

83. 如何理解稻田养殖龙虾的七大管理措施?

第一措施是肥水养虾：一是在稻田养殖前期正值水草生根发芽旺盛期，对营养的需求较大，需要持续地肥水，以促进水草的生长发育；二是对稻田早期定期肥水，可以培养浮游生物，既有利于稳定水质，又能为龙虾苗提供天然饵料；三是及时肥水，以有效抑制稻田里萌发的青苔。

第二措施是种草养虾：水草对龙虾养殖的作用前文已经有阐述，这里不再赘述，更重要的是水草对水体有相当好的净化作用，尤其在稻田水质较差时，更需要水草来充当“净化者”（图 6–16）。

图 6-16　种草养龙虾

第三措施是控制密度：任何水体对生物的承载量都有一定的限度，包括稻田也是如此，当稻田承载的生物对水质的污染超过稻田自我调节能力的时候，就会带来一系列的养殖问题。当密度过高时易出现稻田底质和水质持续恶化、龙虾缺氧爬到埂边或上草死亡及水草大量被夹断等情况。在 5 月份龙虾发病阶段，密度过高会加剧龙虾的交叉感染，增加发病率和死亡率；而密度过低时，又会浪费水体环境，起不到稻田种养的效果。因此一定要控制养殖密度。

第四措施是合理投喂：在养殖龙虾时，即使饲料的质量非常好，也不能说饲料投的越足越好，而是根据天气、水质溶氧、龙虾的摄食欲望等状况来确定投喂量。正常天气适量投喂，变天及闷热天减少投喂量，尤其在高温季节，更要注重把握饲料的投喂量，例如用冰鲜鱼合理投喂龙虾（见彩图 25），切碎的鱼肉喂养龙虾效果更好（见彩图 26）。当天气发生变化后，投入的饲料不能被龙虾全部吃完，那些未被利用的饲料不但不是好东西，反而会变成有害物质，可以这样说，稻田里的大部分污染来自饲料。养殖前期，龙虾在环沟深水位置居多，密度本来就大，这时环沟过量的投喂会加重沟底的污染，易引起龙虾缺氧、发病，甚至死亡，所以要注意环沟饲料的投喂量。

第五措施是定期改善环境：好的环境利于龙虾的摄食生长，在稻田养虾过程中，腐烂的稻秆、青苔、残饵粪便、生物碎屑等有机质会造成底质水质的恶化，所以平时要注重环境的改善，定期调水解毒，改底增氧。

第六措施是保健养虾：这里并不是说让龙虾自己进行保健，而是让龙虾内服营养保健剂，以便有效地增进龙虾摄食、促进消化、提高免疫力、抵抗疾病、减少伤亡。

第七措施是增加溶氧：在稻田养虾时，收割水稻后残留大量的稻秆，这些稻秆在腐烂过程中会不断地消耗氧气，导致溶氧成为稻田养虾的最大限制因素。尤其是进入 4 月份，水温渐渐升高，稻秆发酵腐烂速度加快，水质开始发黑发红，龙虾上草爬边现象频发，甚至缺氧中毒死亡，低氧或缺氧成了常态。这时就要采取措施来加大增氧力度，可通过在环沟中增设推水设备的方式让田间沟里的水流动起来，确保水体中的溶氧充足，稻秆分解转化快、形成毒性物少，这时的稻秆既是肥料的来源，也可充当龙虾的饵料。只有溶氧充足，龙虾才能正常摄食、蜕壳生长（图 6–17）。

图 6–17　增加溶氧有利于龙虾养殖

84. 在养殖过程中，我们需要注意哪几个误区？

经过技术人员的指导反馈，以及生产实践的经验表明，在龙虾的稻田养殖过程中存在不少误区，包括以下几点：

（1）水质管理的误区

① 没有培好肥就直接下苗

首次放苗养殖时，为了赶时间或者是其他的技术原因，田间沟的水质还没有培肥好，就急忙投放龙虾虾苗。由于池塘水体偏瘦，可供幼虾摄食的生物饵料缺乏，影响幼虾的生长和成活率。

② 换水不讲究科学性

一些虾农在换水时并不讲究科学换水，常常是一次性大量换水，这种情况特别容易发生在换水方便的地方。他们一味地认为只要大量换水，就可以保证水质良好，结果引起稻田里的水温波动太大，造成虾产生应激性反应，从而影响虾的摄食和生长。

（2）苗种投放上的误区

有一些养殖户为了方便，或者是信息不到位，或者是为了购买便宜的苗种，购买的苗种往往是经过几道贩子手上过来的，这种苗种的质量非常差，有的是用药物诱捕的，放到稻田里，很快就会死亡，养殖的结果可想而知。

（3）混养上的误区

有许多虾农在养殖龙虾的稻田里混养了一些鲢、鳙鱼种，还有的混养鲫鱼。混养鲢、鳙鱼种对抑制水体的肥度能起到很好的作用，而混养鲫鱼虽然能够摄食腐屑碎片和浮游生物，但大部分配合饲料被鲫鱼吞食，导致龙虾饵料短缺。综合考虑鲫鱼和龙虾的市价，这种没有科学的混养往往会造成养殖效益上的降低。

(4) 捕捞不及时的误区

现在各地在稻田里养殖龙虾的养殖户大多能采取“捕大留小，天天捕捞，天天上市”的放养模式，但是还有许多虾农因种种原因，对已经能适合上市的大虾不能及时捕捞上市。而不能上市的大虾往往有更强的活力，它们有独占地盘、弱肉强食的习性，对小虾会产生一定的影响，从而一方面造成小虾长不大，另一方面小虾可能会死亡。因此对适宜上市的虾应早上市，大的龙虾经捕捞后田里的密度就会稀疏，可以加速余下部分小虾的生长。

第七章
亲虾繁殖和苗种培育

85. 龙虾的繁殖用什么方法最好？

经过多年的生产实践，我们认为，现在的龙虾苗种人工繁殖技术仍然处于完善和发展之中，在苗种没有批量供应之前，建议各养殖户可采用在稻田中放养抱卵亲虾，实行自繁、自育、自养的方法来达到苗种供应的目的。

86. 亲虾如何选择？

（1）选择时间

选择龙虾亲虾的时间一般在8—10月份或当年3—4月份，来源应直接从养殖龙虾的池塘、稻田或天然水域捕捞，亲虾离水的时间应尽可能短，一般要求离水时间不超过2小时，在室内或潮湿的环境，时间可适当长一些。

值得注意的是，在挑选亲虾时，最好不要挑选那些已经附卵甚至可见到部分小虾苗的亲虾，因为这些小虾苗会随着挤压或运输巅颤而被压死或脱落母体而死亡，也有部分未死的亲虾或虾苗，在到达目的地后也会因打洞消耗体力而无法顺利完成生长发育。

（2）雌雄比例

雌雄比例应根据繁殖方法的不同而有一定的差异，如果是用人工繁殖模式的雌雄比例以 2∶1 为宜；半人工繁殖模式的以 5∶2 或 3∶1 为好；在自然水域中以增殖模式进行繁殖的雌雄比例通常为 3∶1。

（3）选择标准

一是雌雄性比要适当，达到繁殖要求的性配比（见彩图 27 和彩图 28）。

二是个体要大（图 7–1），达性成熟的龙虾个体要比一般的生长阶段的个体大，雌雄性个体体重都要在 30~40 克为宜。

图 7–1　大个体的龙虾比较适宜做亲本

三是颜色，要求颜色暗红或黑红色、有光泽，体表光滑而且没有纤毛虫等附着物。那些颜色呈青色的虾，看起来很大，但它们仍属壮年虾，一般还可蜕壳 1~2 次后才能达到性成熟，商品价值也很高，宜做为商品虾出售。

四是亲虾健康要严格要求，亲虾要求附肢齐全，缺少附肢的虾尽量不要选择，尤其是螯足残缺的亲虾要坚决摒弃，还要亲虾身体健康无病，体格健壮，活动能力强，反应灵敏，当人用手抓它时，它会竖起身子，舞动双螯保护自己，或取一只虾放在地上，它会迅速爬走。

五是了解其他情况，主要是了解龙虾的来源、离开水体的时间、运输方式等。如果是药捕（如敌杀死药捕）的龙虾，坚决不能用作亲虾，那些离水时间过长（高温季节离水时间不要超过2小时，一般情况下不要超过4小时，严格要求离水时间尽可能短）、运输方式粗糙（过分挤压风吹）的市场虾不能作为亲虾。

六是对亲虾的规格选择值得探讨。同是水产品，应有可比性，因此按照其他品种的养殖经验，亲虾个体越大，繁殖能力越强，繁殖出的小虾的质量也会越好，所以很多人选择大个体的虾作种虾，但有专家在生产中发现，实际结果刚好相反。经过详细分析，我们认为主要的原因在于龙虾的寿命非常短，我们看见的大个体的虾往往已经接近生命的尽头，投放后不久就会死亡，不仅不能繁殖，反而造成成虾数量的减少，产量也就很低。因此，建议亲虾的规格最好是30~40尾/千克的成虾，但一定要附肢齐全、颜色呈红色或褐色。

87. 如何利用稻田进行亲虾的培育与繁殖？

龙虾的繁殖方式主要是自然繁殖，现在许多科技资料介绍可用全人工进行繁殖，但经过我们的试验和调查，这种人工繁殖是不成熟的，建议广大养殖户还是走自繁自育、自然增殖的方法比较好。即使是人工繁殖的苗种，在投放时也要注意距离和时间。

稳定、优质的种苗来源是养殖成功的基础，每个稻虾种养殖区，可按照1∶5的比例配备专门育苗基地，控制分拣、运输时间在1小时以内，稻田繁育以秋繁大规格虾苗为主。稻田龙虾苗种繁育时间为8月中下旬至翌年5月中旬。

（1）繁育池选址

繁育场应该选在水源充足、给排水方便，水质优良无污染、土质为黏土、交通便利、电力有保障的地方建造。不可在沙土质或者土质疏松的地方建造繁育基地，防止龙虾掘洞穴时洞穴坍塌，压死龙虾，或反复掘穴，耗费体力。

（2）稻田工程

苗种繁育稻田最好形成连片区，与周边普通农田水系隔开，稻田单块面积以10~20亩为宜，以方便管理、投食和捕捞。沿稻田四周，开挖宽2~3米，沟深0.6~0.8米，坡比1：1.5以上的环沟，田沟占稻田面积20%~30%。进水口设置80目双层筛绢网布，排水口设置40目以上的密眼网罩。

（3）清野

7月底至8月初，稻田环沟进水30~50厘米，采用茶粕清除稻田中杂鱼、黄鳝、泥鳅、水蛭等，每亩用量为20~25千克，使用时加水浸泡24小时，直接泼洒至虾沟中。

（4）施肥

清野后第3天，每亩施腐熟的畜禽粪便等有机肥200~300千克，沿环沟四周堆置。

（5）水草种植

施肥后第2天，沿环沟浅水处，移栽轮叶黑藻、伊乐藻、水花生。沿环沟四周每隔7~10米设置一束水草，轮叶黑藻营养体直接栽插在环沟浅水处，每亩环沟及大田需轮叶黑藻5~10千克（见彩图29）。在稻田中央，按照株行距3米×3米移栽伊乐藻营养体。逐渐将水位加至40~50厘米，淹没稻茬，水草占稻田面积的60%~70%。育苗中、后期，可追施氨基酸类生物肥，保持水草正常生长，培养天然饵料。

水草移植前，可利用10克/米^{3}的漂白粉或者20克/米^{3}的高锰酸钾浸泡10分钟，洗净后移栽。

随着水草成活、分蘖，逐渐加深水位至高出围滩30厘米左右，以不淹没稻茬为准，整个冬季，保持此水位。

（6）亲虾放养

7月底至8月初，向环沟中投放亲本虾，就近选购亲虾，亲虾规格30~40克，肢体完整，活力强，硬壳深红，每亩稻田可投放50~75千克，雌雄比4∶1（图7-2）。

图7-2　仔细挑选亲虾

经过运输的亲虾，用池水均匀泼洒虾体，间隔4~5分钟泼洒一次，连续3~4次，让其适应15~20分钟，降低应激反应。用20克/米^{3}的高锰酸钾溶液浇淋亲虾1次，消毒后，将亲虾轻轻倒在稻田环沟斜坡上，让其自行爬入水中。放养后第2天，在投放处摸底，取出死亡的虾，防治败坏水质；同时在环沟中泼洒Vc应激灵。

（7）亲虾投饲管理

饲料可选用的鱼肉和河蚌肉（60%）、黄豆（20%）、玉米（10%）、小麦（10%）等农产品，其投饲率2%~3%，每天每亩投喂1~1.5千克；也可选用颗粒饲料，粗蛋白在30%以上，粒径3毫米以上，日投饲率1%~2%，每天每亩投喂0.5~1千克；每天傍晚18:00-19:00投喂1次，沿环沟斜坡均匀投喂。根据天气、水温、水质、残饵等情况酌情增减。

（8）排水诱导繁殖

10月上旬，逐渐将田水降至环沟内，诱导龙虾在田埂上掘穴繁殖（见彩图30）。

（9）越冬管理

11月中旬将田水加至30厘米以上，进入龙虾苗种越冬管理，冬季及时清除稻田结冰和积雪。

（10）疾病预防

投放亲本虾当年的9月份，虾沟分别泼洒硫酸锌和聚维酮碘（1%）1次，预防病虫害，其中硫酸锌溶液使得水体浓度达0.4克/米^3，第2天全池泼洒聚维酮碘（1%）溶液，每亩泼洒100~150克。

（11）捕捞

亲虾及虾苗（图7-3）主要采用地笼捕捞，3月底至4月上旬开始回捕亲虾及虾苗，使用网目为1厘米的地笼，将达到4厘米以上的虾苗分田养殖或出售。

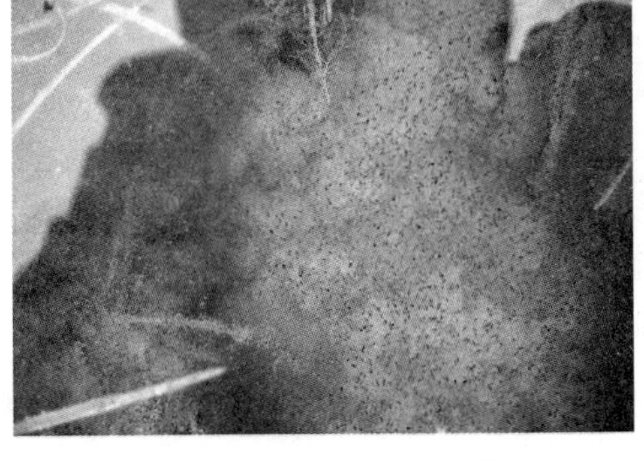

图7-3　繁殖出来的小虾苗

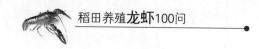

每天傍晚沿繁育池四周设置虾笼，虾笼有一头必须露出水面，每隔3~4小时起笼1次。

88. 为什么要对龙虾的幼虾进行培育?

离开抱卵虾的幼虾体长约为1厘米，在生产上可以直接放入稻田进行养殖，但由于此时的幼虾个体很小，自身的游泳能力、捕食能力、对外界环境的适应能力、抵御躲藏敌害的能力都比较弱，如果直接放入稻田中养殖，它的成活率很低，最终会影响成虾的预期产量期望值。因此有条件的地方可进行幼虾培育，待幼虾3次蜕皮后，体长达3厘米左右时，再放入成虾稻田中养殖，可有效地提高成活率和养殖产量。

89. 幼苗如何运输?

我们之所以建议虾农走自繁自育的路子，而尽可能不要走规模化繁殖的路子，重要的一点是因为虾苗不容易运输，运输时间不宜超过3小时，否则会影响成活率。根据安徽省滁州市水产技术推广站在2009年、2011年、2012年进行的8次试验情况来看，运输时间在一个半小时内，成活率达70%，运输时间超过3小时的死亡率高达60%，超过5小时后，下水的虾苗几乎死光。

因此运输时要讲究技巧，一是要准确确定运输路线，不走弯路；二是准确计算行程，确保运输时间在2小时内；三是要确定运输方法，有的养殖户采取和河蟹大眼幼体一样的干法运输（即无水运输），我们也做了类似试验，发现死亡率是非常高的，因此建议养殖户采用带水充氧运输虾苗（图7-4）。

图 7-4　带水充氧运输虾苗

90. 如何准备培育池？

（1）池塘条件

池塘邻近水源，水源充沛清新，周边无工业和农业污染。池塘要求呈长方形，东西走向，长宽比在 3∶1 左右，一般池宽有 5.5 米和 8.0 米两种。面积依培育数量而定，一般每池在 80～120 平方米左右，不宜太大，坡比 1∶2.5～1∶3，池深 1.5～1.8 米，可储水 1.0～1.2 米，塘埂宽 1 米以上，土质以壤土为好，不宜选用保水和保肥性差的沙土，底泥要少，不要超过 10 厘米，在培育池的出水口一端要有 2～4 平方米面积的集虾坑，培育幼虾的池塘如图 7-5。

建池时应考虑水源与水质。要求水源充足、水质良好、清新无污染且有一定流水的条件为佳。水体 pH 值介于 6.5～8.0，以 pH 值 7.0～7.4 为最好，含氧量保持在 5 毫克/升以上，透明度 35 厘米左右。土池应建在安静无吵杂声音的地方，选择避风向阳的场所，保证幼虾蜕壳时免受干扰。

图 7-5　培育幼虾的池塘

（2）防逃设施（图 7-6）

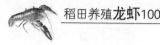

龙虾逃逸能力弱于河蟹，但幼虾的身体轻便，也具有较强的攀爬逃逸能力，特别是水体中水质恶化时，其逃逸趋势加剧，因而在育苗前就要注意防

图 7-6　防逃设施

逃设施的安装。在池埂上设置防逃墙，防逃材料可选用厚塑料薄膜、40目聚乙烯网片、石棉瓦等，基部入土10~15厘米，顶端高出埂面30~40厘米，40目聚乙烯网片上端内侧另外缝制8~10厘米的厚塑料薄膜，石棉瓦之间咬合紧密，防逃墙与塘埂垂直，每隔100厘米处用一木桩固定，对于培育面积不大的土池，也可以考虑选用密眼筛绢防逃。注意四角应做成弧形，防止龙虾沿夹角攀爬外逃，进水口用30~50目/厘米^{2}双层筛绢网布过滤，排水口设置40目/厘米^{2}的密眼网罩，防止昆虫、小鱼虾及卵等敌害生物在进水时进入池中，同时也是防止幼虾外逃的重要措施。

91. 培育幼苗时需要增氧设备吗?

在池塘中进行龙虾苗种的培育时，由于幼虾密度大、加上投喂量大且虾的排泄物多，常常会造成池塘底部的局部缺氧，因此在培育时设置增氧机是提高苗种培育成活率的一个关键技术措施之一。增氧机的使用功率可依需要而决定，一般在生产上按25瓦/米^{2}的功率配备，每个培育池（面积150平方米左右）可配备功率为250瓦的小型增氧机两台，或用375瓦的中型增氧机1台，多个培育池在一起时，可采用大功率空气压缩机。

输送管又叫通气管或增氧管，采用直径为3厘米的白色硬塑料管（食用塑料管为佳）制成，在塑料管上每间隔30厘米处打两个呈60°角的小孔，大小可用大号缝被针，经火烫后刺穿管子即可。将整条通气管设置于离池底5厘米处，一般与导热管道捆扎在一起放置，在池中呈“U”字形设置或盘旋成3~4圈均匀设置，在管子的另一端应用木塞或其他东西塞紧不能出现漏气现象（图7-7）。也可将输送管置于水面20厘米处，通过气砂石将氧气输送到水体的各个角落，效果也不错。虾苗入池后，立即开动增氧机，不间断地向池中充气增氧（若增氧机使用时间过长，机体发热时，可于中午停机1~2

个小时)，确保水中含有丰富的溶氧，有利于虾苗的生长发育。在培育幼虾时，采用增氧技术进行增氧，氧气能布满全池，大大增加了受氧面积。

图 7-7　人工增氧

溶氧对幼虾的生长发育起到了关键性的作用，因而幼虾的分布要均匀，池水中各处溶氧度也要一致。只有这样才能最大限度地利用水体空间及水草，减少幼虾自相残食的几率，提高培育幼虾的成活率。

92. 培育苗种时需要设置隐蔽物吗？有什么作用？

（1）育苗池塘中设置隐蔽物的意义

龙虾在生长过程中要经过多次蜕皮，在正常情况下，7~10 天蜕皮一次，每蜕皮一次，虾也增重一次。由于龙虾具有地盘性相互残食的习性，刚蜕皮的虾，活动能力较弱，易被健康的虾残食。因此，最好在虾池中投放些树枝、水草等隐蔽物，既能有效地减少虾与虾之间的直接接触，降低相互间的残食几率，还可作为虾的蜕皮场所，为虾躲避鸟、蛇等天敌起到很大作用，使其免遭侵袭，以提高成虾的成活率。实践证明，在虾池内投放隐蔽物，虾的成活率可提高 10%以上。

树枝、网片等隐蔽物具有以上作用，而生物性隐蔽物如苦草、聚草、轮叶黑藻、伊乐藻等，不但本身是龙虾的饵料，还为底栖生物提供繁殖场所，从而增加了水中天然动物性饵料的含量。在高温季节，这些挺水植物、漂浮植物等还可降低阳光对水的直射，对降低水温起到一定的作用。

（2）隐蔽物的种类

一类是没有生命活性的隐蔽物，常用的有树枝、竹片、瓦砾、砖块、贝壳、破网片、棕片等，该类隐蔽物的选择以不吸收水中溶氧、不败坏水质、不释放有毒物质为标准。与有生物性的隐蔽物相比，它的优点是数量完全受人为控制，比较便于捕捞，但对水质无调节作用。在该类隐蔽物中，由于网片材料易得，经久耐用，立体效果好而被广泛采用。

另一类就是有活性的水草，这是我们在养殖龙虾中最常用的，也是最希望大家采用的一种，当然效果也最好，但是真正实行起来难度却最大。根据水草的生长区域和在养殖池中的位置特点，可以将隐蔽物分为沉水植物、挺水植物、浮叶植物和漂浮植物等。

施基肥后，进水 20~30 厘米，在培育池中移栽水草，水草通常有聚草、菹草、水花生等。栽种水草的方法是，将水草根部集中在一头，一手拿一小撮水草，另一手拿铁锹挖一小坑，将水草植入，每株间的行距为 20 厘米，株距为 15~20 厘米。水草移栽前使用 10 克/米^3 漂白粉（有效氯 30%）浸泡消毒 10 分钟，用清水洗净后移栽，水草面积以占总水面的 50%~60% 为宜。随着水草的分蘖，逐渐加深水位，同时在培育池四周布设水花生（图 7-8）、水葫芦，间隔 4~5 米种植一团草，用竹竿及绳子固定。

水草在幼虾培育中起着十分重要的作用，具体表现在：模拟生态环境、为幼虾提供丰富的食物和隐蔽栖息场所、净化水质、提供氧气、可供幼虾攀附、可为幼虾遮荫、提供摄食场所和防病作用。

图 7-8　水花生是很好的水草

（3）隐蔽物的作用

在池塘里种植水草（图 7-9）等隐蔽物具有以下几个作用：

一是可以模拟和营造生态环境，使龙虾产生“家”的感觉，有利于龙虾快速适应环境和快速生长。

二是为龙虾提供隐蔽藏身的场所，这是在池塘中设置隐蔽物的主要功能之一。龙虾只能在水中作短暂的游泳，平时均在水域底部爬行，特别是夜间，常常爬到各种浮叶植物上休息和嬉戏，因此水草是它们适宜的栖息场所。龙虾在蜕壳时，喜欢在水位较浅、水体安静的地方进行，因为浅水水压较低，安静可避免惊扰，这样有利于龙虾顺利蜕壳。在池塘里合理种植水草，形成水底森林，正好能满足龙虾这一生长特性，丰富的水草既为龙虾提供安静的环境，又有利于龙虾缩短蜕壳时间，减少体能消耗。此外，龙虾蜕壳后成为“软壳虾”，需要几小时静伏不动的恢复期，待新壳渐渐硬化后，才能开始爬行、游动和觅食。而这一段时间，软壳虾缺乏抵御能力，极易遭受敌害侵袭，水草可起隐蔽作用，使其同类及老鼠、水蛇等敌害不易发现，减少敌害侵袭而造成的损失。

图 7-9　有水草的地方适合龙虾生长

三是为龙虾提供丰富的天然饵料，水草营养丰富，这些植物的嫩根茎叶芽中富含蛋白质、粗纤维、脂肪、矿物质和维生素等龙虾需要的营养物质，是龙虾很好的植物性饵料。另外，水草中还含有大量活性物质，龙虾经常食用水草，能够促进胃肠功能的健康运转。同时水草多的地方，赖以水草生存的各种水生小动物、昆虫、小鱼、小虾、软体动物螺、蚌及底栖生物等也随之增加，又为龙虾觅食生长提供了丰富的动物性饵料源。

（4）隐蔽物的特点

对于以苦草、聚草、轮叶黑藻等为主的沉水植物，由于这一类的水草生长繁殖速度较快，特别是养殖中后期，增殖数量不易控制，当过分繁殖后，会造成水质过分清瘦，透明度过大，从而影响龙虾白天的栖息活动。此外，当夜晚来临时，水草的光合作用完全停滞，需要通过消耗水中的溶解氧来进行呼吸作用，过多的水草导致耗氧量增大，易造成龙虾浮头，并且给今后的捕捞带来一定的困难。特别是进行轮捕的池塘，几乎难以用网具捕捞。预防这种情况发生，一是培育好水色，使透明度保持在30~40厘米，起到部分抑制其生长的作用；二是发现水草大量繁殖时，如果此时龙虾已经生长较好，可放入适量草鱼或团头鲂鱼种，以摄食部分水草；三是用人工办法拔除或割除水草。通过生产实践的经验来看，只要能有效地控制中后期水草的增殖数量，沉水植物是养殖龙虾首选的隐蔽物。

对于芦苇、茭白、菖蒲、慈菇（见彩图31）等挺水植物来说，它们对池水的调节作用最小，在龙虾苗种培育的池塘里栽种这类水草时，主要目的是希望通过它们来吸收底泥中的有机营养盐、无机营养盐，与沉水植物相比，它们的自然增殖速度慢，因此在数量上比较容易控制。

对于莲藕、菱角、莼菜等浮叶植物来说，由于这类水生植物的叶片在水中展开时面积较大且浮于水面，会遮去不少光线，虽然在白天为虾提供相对较暗的栖息场所，但会影响水中浮游植物的光合作用，且减少了水面与空气的接触面积，因此使用效率也不高。如果在培育苗种的过程中，由于水草跟不上，需要使用这一类植物作隐蔽物时，我们建议选择菱角，菱角蔓长的茎上生有水中根，对水中营养盐的吸收强于其他几种，又能增大虾的攀附面积，且茎中含叶绿素能进行光合作用，土中根又可吸收底泥中的有机盐类和无机盐类，从而降低底泥的耗氧量。浮于水面上过多的菱盘可定期割除。

对于浮萍、紫背浮萍、水葫芦、水花生等漂浮植物，完全靠吸收水体中营养盐而生长，它们的共同缺点就是通过光合作用产生的氧对水中溶解氧的影响较小，在选用时，也要有所侧重。从现有情况看，根系较发达的水葫芦被广为采用，但是水葫芦一定要控制好，千万不能过多，否则会直接导致龙虾培育池缺氧，造成巨大损失；水花生由于根系太发达，容易造成次生性灾害（图7-10）。由此可见，了解这一类植物的生长特性及其对龙虾养殖的作用，谨慎使用尤为重要。另外，浮萍所营造的隐蔽场所不如凤眼莲好，这里予以说明。

图 7-10　水花生等隐蔽物要管护好

（5）隐蔽物的设置与管护

在养殖龙虾时，应尽可能地选择有活性的水草作为隐蔽物，从生产实践中的体验来看，隐蔽物所占面积为全池的 25%左右就可以了，比例不要太高。还有一点我们在设置隐蔽物时可能会忽略，但是对龙虾生长发育的影响却非常大，就是在培育池里设置隐蔽物时，四周距岸边留 2~3 米的空地，不要从池埂处就开始设置。这条两三米的空当是供投喂龙虾饲料用的，因为在实践中发现，投于水草丛中的饲料不易被虾全部摄食，这样会造成浪费。另外对于面积较大的池塘，可以在池塘的中间，采取以网片加漂浮植物为主，将大网目的旧网片裁成高 1 米左右，垂直挂于水中，下端距池底 10 厘米左右，让虾可自由爬行，上端与漂浮植物的根须相接触，使虾易于沿网片爬至根须丛中。捕捞时，可将网片和漂浮植物移开后，张网进行捕捞。

93. 如何做好不同阶段的培育管理工作?

龙虾苗种的培育可分为四个培育阶段，在不同时期有不同的培育管理工作。

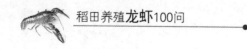

第一阶段为培水阶段。视育苗池的肥度，在繁育池四周堆放腐熟的有机粪肥，每亩用量为200~250千克，培育轮虫、枝角类等天然浮游生物，为幼虾提供适口天然饵料生物。

第二阶段为保肥阶段。每天傍晚和早晨，当发现大量苗种在岸边活动时，开始泼洒豆浆，用黄豆1千克/亩，以后逐渐增加至3千克/亩，视水体肥度，可适当增减豆浆的投喂量，豆浆与水混匀后，沿池边均匀泼洒，每天分7:00—8:00、14:00—15:00、18:00—19:00泼洒3次，池水透明度控制在20厘米左右。

第三阶段为虾苗强化培育阶段。豆浆逐渐改为粗制豆粉、煮熟的鱼糜、肉糜，加水混匀后沿育苗池四周浅水处均匀泼洒，日投喂量约占存塘幼虾重量的10%~15%，每天分7:00—8:00、14:00—15:00、18:00—19:00泼洒3次，在入深秋前将虾苗培育至2~3厘米。

第四阶段为虾苗规格提升阶段。投喂饲料同亲虾饲料，也可投喂颗粒饲料，谷物类需混匀粉碎，日投喂量约占存塘幼虾重量的5%~10%，每天分7:00—8:00、18:00—19:00投喂2次。

94. 如何投喂龙虾苗种?

由于土池没有水泥池的可控性强，因此在投放龙虾苗种前，提前培育浮游生物是很有必要的。通常，在放苗前7天向培育池内追施发酵过的有机草粪肥，培肥水质，培育枝角类和桡足类浮游动物，为幼虾提供充足的天然饵料。在肥水过程中主要投放各种饲料，天然饲料主要有浮萍、水花生、苦草、野杂鱼、螺、蚌等，人工饲料主要有豆腐、豆渣、豆饼、麦子、配合饲料等。饲料质量要新鲜适口，严禁投放腐败变质的饲料。

放苗后，前期每天投喂3~4次，投喂的种类以鱼肉糜、绞碎的螺、蚌肉或天然水域捞取的枝角类和桡足类为主，也可投喂屠宰场和食品加工厂的下脚料、人工磨制的豆浆等。投喂量以每万尾幼虾0.15~0.20千克，沿池过多点片状投喂。饲养中后期要定时向池中投施腐熟的草粪肥，一般每半个月一次，每次100~150千克/亩。同时每天投喂2~3次人工糜状或软颗粒饲料，日投饲量以每万尾幼虾为0.3~0.5千克，或按幼虾体重的4%~8%投喂，白天投喂占日投饵量的40%，晚上占日投饵量的60%。

95. 稻田如何培育龙虾种?

(1) 稻田选择

稻田面积通常以1~3亩为宜，在稻虾连作共作区进行培育龙虾种为佳，邻近水源，水源充沛清新且无污染，保水性好，排灌方便，不易被洪水淹没(图7-11)。养殖区若存在大片水稻、棉花种植区，且与水稻水源来自同一河沟，需要建立净水池，或者沿稻虾连作共作区四周，开挖一条可以与外界水源隔开的水沟，防止稻田、棉田农药直接流入龙虾苗种培育区，造成龙虾苗种的药害。

(2) 田间工程

和养殖成虾一样，在稻田里培育龙虾苗种，也需要做好稻田工程，开挖好田间沟，田沟占稻田面积15%~20%。稻田养殖区外围也要设置防逃、防盗围栏。

(3) 清除野杂鱼

稻田中泥鳅、黄鳝可在稻田翻耕时捕捉，田沟中小杂鱼可使用茶粕杀灭，每亩用量为20~25千克，使用时加水浸泡24小时，直接泼洒至虾沟中。

图 7-11　培育龙虾种的稻田

（4）水草种植

种植水草是龙虾苗种培育中不可缺少的重要环节，这一点一定要注意，千万不要以为有了稻桩就可以不用栽种水草了。水草除了是虾苗的附着物和食物外，还可以起到净化水质的作用，并成为虾苗蜕壳的隐蔽物（见彩图 32），在稻田里可采取伊乐藻和苦草混种的方式。

（5）培育天然饵料生物

根据稻田肥度，每亩追施腐熟的有机肥 50~75 千克，保持水体肥度，控制透明度在 30~40 厘米，水色呈淡茶褐色为好。培育丰富的天然饵料生物供虾苗摄食，提高虾苗成活率。

（6）幼苗放养

在利用稻田培育龙虾苗种时（图 7-12），每年的 3 月底至 4 月初，每亩放养体色青褐色、活力强、人工繁育、规格约 800 尾/千克的虾苗 50 000~60 000 尾。外购虾苗时，要求脱水时间不超过 2 小时，且包装或者运输过程中应避免挤压或用冰块降温，禁用经过多次贩运的虾苗。

图 7-12　适宜培育龙虾种的虾苗

（7）饲料投喂

在虾苗投放后，沿虾沟投喂人工饲料，饲料可选用鱼肉和河蚌肉（60%）、黄豆（20%）、玉米（10%）、小麦（10%）等农产品，日投饲率4%左右，每天可投喂 4~5 次，7 天后可以减少为 2~3 次，日投饲率也可降低为 2. 5%左右。也可选用颗粒饲料，粗蛋白含量在 32%左右，粒径 3 毫米以上，日投饲率 1%~2%，沿环沟周边及稻田种植平台均匀泼洒。

（8）捕捞

培育好的龙虾苗种可根据需要及时捕捞，一般来说，培育 15~20 天就可以达到大规格的虾种，此时可用地笼捕捞后直接放到水稻插秧好的稻田里。如果是苗种培育的稻田与大规模养殖的稻田连在一起的话，可以直接将两块稻田的中间田埂挖通，然后用微流水刺激，一天左右，虾种就会全部到达大田中生长了。

96. 龙虾苗种培育的两个关键问题是什么？如何解决？

（1）苗种产量低的问题

在生产实践过程中，我们发现许多养殖户在苗种培育时，总会存在一些问题，其中比较突出的就是苗种培育产量较低。造成这个问题的原因很多，我们归纳总结认为下面几点应该值得养殖户重视。

一是留塘亲本虾数量不清，没有准确计数，只是估算，有时甚至是高估，结果导致产出的苗种数量明显低于预期。这个问题是比较好解决的，建议每个上规模的养殖户有自己的亲本培育基地或每家有足够的亲本培育稻田，在培育前要做到过数入塘，准确把关。

二是留种虾规格不大、质量不好，从而导致抱卵量少，当然产出的苗种也就少。建议在挑选亲虾时，不要年年都用自己稻田里的大虾，2~3 年后从其他良种场或大水域更新一批亲本虾，通过不断地杂交来提高苗种优良的性能。

三是由于观察不仔细或其他管理不到位，造成籽虾离开母体后没有及时培育而大量死亡。对于这个问题的解决，建议在挑选同批抱卵亲虾的同时，在临近孵化时，一定要加强观察，做到及时培育籽虾。

四是在苗种培育期间，有时池塘或稻田里的防环沟底质恶化造成水体缺氧，结果会导致大量龙虾苗种窒息死亡。为此，建议每 1~2 年，养殖龙虾的稻田要彻底清淤、暴晒、冻结一次，降低这种现象的发生几率。

五是整个育苗的各个阶段很随意、不规范，从而导致苗种培育时的产量也很低。这个问题的解决，建议从事龙虾养殖的的企业或养殖户借鉴河蟹苗种培育的标准，从苗种培育池的标准化改造和清淤、亲本虾的选配和孵化、苗种的投喂与管理等各个方面进行标准化生产与管理。

（2）越冬问题

在龙虾的自然生长阶段，龙虾是需要越冬的，而现在有一些苗种培育单位，却采取一些人为加温措施，让龙虾苗种少越冬或不越冬。这样做确实对延长龙虾的养殖周期有好处，但我们在生产中发现，这种苗种在第二年死亡率是比较高的，最后损失的还是养殖户。因此对龙虾苗种的培育，我们还是建议适应它的生长规律，让其进行自然越冬。

整个冬季，虾苗池保持水深1.2~1.5米，并在池塘四周铺设厚2~3厘米的稻草，保障虾苗安全越冬，冬季冰雪天气，及时破冰及清除积雪。翌年2—3月份，气温回升，及时投喂，增强越冬虾苗体质，提高越冬虾苗成活率，促进虾苗快速生长；4月份后，气温稳定后，及时清除稻草，防止败坏水质。

第八章
龙虾的病害防治

97. 龙虾疾病为什么强调防重于治？

防重于治是预防动、植物疾病的共同原则，对于养殖的龙虾而言，意义更大。这是因为：

首先，龙虾生病在早期是难以发现的，因此诊断和治疗都比较麻烦。龙虾生活在水中，它们的活动、摄食等情况不易看清，这给正确诊断虾病增加了困难，另外治疗虾病也不是件容易的事，家畜、家禽可以采用口服或注射法进行治疗，而对病虾，特别是幼虾，是无法采用这些方法的。

其次，龙虾生病后，大多数已不摄食，又无法强迫它们摄食和服药，因此患病后的龙虾不能得到应有的营养和药物治疗。对龙虾疾病使用口服法治疗，只限于尚在摄食的病虾。

再次就是大规模养殖龙虾，当发现其中有龙虾生病时，就表明池塘里的龙虾可能都有不同程度的感染。若将药物混入饵料中投喂，结果必然是没有患病的虾吃药多，病情重的虾吃得少，导致药物在患病虾的体内达不到治病的剂量。另外某些虾病发生以后，如患肠炎病的病虾已失去食欲，即便是特效药，也无法进入虾体。

第四就是虾病蔓延迅速，一旦有几尾虾生病，往往会给全池带来灭顶之灾。更让养殖户心焦的是，现在专门为虾类研制的特效药非常少，相当一部分虾药使用的是兽药。

正是由于这些原因，在治疗虾病时，想要做到每次药到病除是不现实的。即使发现病虾后进行药物治疗，主要目的也只能是预防同一水体中那些尚未患病的虾受感染和治疗病情较轻或者处于潜伏感染的龙虾，病情严重的龙虾是难以康复的。实践证明，在养虾管理中贯彻“以防为主”的方针，做好相应工作，可以有效地预防虾病的发生。

98. 如何做好预防工作?

（1）加强养虾管理

龙虾生病，可以说大多数是由于养虾管理不当而引起的。所以加强饲养管理，改善水质环境，做好“四定”的投饵技术是防病的重要措施之一。

定质：饲料新鲜清洁，不喂腐烂变质的饲料。在龙虾养殖过程中，投喂不清洁或腐烂的饲料，有可能将致病菌带入稻田中，因此要对饲料进行消毒，近而可以提高龙虾的抗病能力。青饲料如南瓜、马铃薯等要洗净切碎后方可投喂；配合饲料以一个月喂完为宜，不能有异味；小鱼小虾要新鲜投喂，时间过久，要用高锰酸钾消毒后方可投喂。我们根据生产实践的经验，建议养殖户还是选择颗粒饲料投喂龙虾，既保证龙虾生长所需的营养，也能有效地预防虾病的发生。

定量：根据不同季节、气候变化、龙虾食欲反应和水质情况适量投饵。

定时：投饵要有一定时间。

定点：设置固定饵料台，可以观察龙虾吃食，及时查看龙虾的摄食能力及有无病症，同时也方便对食场进行定期消毒。

(2) 控制水质

养殖龙虾时，一定要杜绝和防止引用工厂废水，使用符合要求的水源。定期换冲水，保持水质清洁，减少粪便和污物在水中腐败分解释放有害气体，调节稻田水质。可定期用生石灰全田泼洒，或定期泼洒光合细菌，消除水体中的氨氮、亚硝酸盐、硫化氢等有害物质，保持田水中的酸碱度平衡和溶氧水平，使水体中的物质始终处于良性循环状态，解决水质老化等问题。

(3) 改良生态环境

主要是提供龙虾所需要的水草或洞穴，一是人工栽草，二是利用自然水草，三是利用水稻秸秆等。这样既模拟了龙虾自然生长环境，提供龙虾栖息、蜕壳、隐蔽场所，又能吸收水中不利于龙虾生长的氨氮、硫化氢等，起到改善水质、抑制病原菌大量滋生、减少发病机会的作用。

(4) 培育和放养健壮苗种

放养健壮和不带病原的龙虾苗种是养殖生产成功的基础，培育的技巧包括以下几点：一是亲本无毒；二是亲本在进入产卵池前进行严格的消毒，以杀灭可能携带的病原（图 8-1）；三是孵化工具要消毒；四是待孵化的虾卵要消毒；五是育苗用水要洁净；六是尽可能不用或少用抗生素；七是培育期间饵料要好，不能投喂变质腐败的饵料。

图 8-1 虾种在入田前集中消毒处理

防治工作也要做到以下几点：一要对症；二要按量；三要有耐心，一般用药后 3~5 天才能见效；四是外用和内服必须双管齐下，相互结合，在治疗的同时必须内服补充保肝促长灵、虾蟹多维、健长灵等恢复、增强体力的产品；五是先杀虫后灭菌消毒。

99. 春季龙虾为什么会死亡？用什么方法来预防？

我们在稻虾连作共作精准种养的生产过程中发现，养殖期间，尤其是从 3 月份开始往往会出现大虾与小虾同时死亡的现象，而且死亡的数量也非常多。如果技术不到位，一旦控制不住就会对开春后的稻虾连作生产造成影响，最直接的影响就是稻田里没有可养之虾，产量锐减。

经过现场调查和综合分析，我们认为造成春季龙虾大量死亡的原因主要有四点：

一是正常死亡。无论是在池塘养殖还是在稻虾连作共作精准种养模式中，龙虾经过漫长的越冬，体内脂肪消耗非常大，一些大虾的体质差，它们的活动能力也减弱，有些大的亲虾个体本身已接近生命的终结，会逐渐死亡，这些都是自然现象，属于正常死亡。采取的对策就是在春天到来时，龙虾已经活动了，这时就用地笼进行张捕，并送上餐桌，由于这时候的龙虾个体大且市场的数量少，因此价格是一年中最高的，可以及时回收部分资金。例如 2015 年春节过后，龙虾开始上市，此时的价格非常高，规格为 25 只/千克的龙虾，田头的收购价格达到 86 元/千克。

二是水质恶化造成的死亡。一旦发现有小虾或中等虾死亡时，这时就要对所有的虾进行观察，如果发现伴随有大虾死亡的现象时，这时可能就是田间沟里的水质发生恶化了。通常先用肉眼观察，然后再用专业仪器对水质进行检测。在用肉眼观察时，如果发现稻田里的水位较浅，由于水草等经过一个冬天的腐烂，导致水色发黑，这表明稻田里的水体已经没有自我净化能力，水质已经变坏了。采取的对策有：① 及时泼洒生石灰或磷酸二氢钙来改良水质；② 及时换水或者冲水进入虾沟内来缓冲水质的恶化。

三是营养不良、蜕壳不遂造成的死亡。尤其是那些在秋季没有好好喂养的龙虾，它们体内贮存的能量不足以维持冬眠所需，导致它们在冬眠后营养不良，体色发黑，蜕壳不遂而死亡。正常生长情况下，苗种期间 3~5 天蜕壳 1 次，成虾 15~20 天蜕壳 1 次，蜕壳不遂死亡原因与营养素钙缺乏有很大关系。采取的对策有：① 在饲料中添加蜕壳素；② 及时泼洒生石灰或磷酸二氢钙。

四是自相残杀造成的死亡。有些地方环沟中虾苗规格达到 4~5 厘米时，亲虾还没有捕捞，在春季虾的食欲大开时，如果投喂量不足时，这些龙虾就会出现残杀现象。采取的对策就是当环沟内出现虾苗脱离母体后，要及时捕捞亲虾，提高虾苗成活率。

100. 常见的龙虾疾病如何防治？

（1）白斑病毒病

症状：龙虾清晨时爱上草，摄食量大幅度降低，表现为爬边或伏草，最终弯曲死亡，死亡的病虾附肢及甲壳发红，头胸甲易剥离，虾黄暗黄色或浅黄色，头前段脑部和心脏部位浮肿、积水和发炎等，多并发断肠、肠炎和蓝肠等。主要是由于水草腐烂、天气异常、底质恶化和密度过大等原因造成，在每年的 5 月份为暴发期。

预防：① 养好水草，池塘应保持 3~4 种不同的水草，水草的覆盖率约占 30%的水面比较合理，日常要重视水草的呵护和茬割工作。

② 确保稻田的底质良好和补钙补锌工作。当底质恶化后，龙虾极易发病

死亡，缺钙缺锌也会导致龙虾脱壳不遂而死亡，所以，在养殖期间要重视底质的改良，并定期为龙虾补钙补锌。

③ 培养足够的水体天然饵料，补偿人工饲料的不足，有效预防营养性疾病导致的不良后果。

防治：① 及时将已经显示典型症状的病虾和已经死亡的虾体从养殖池塘中捞出并及时处理掉。

② 对养殖池塘水体进行定期消毒。用聚维酮碘或者季铵盐络合碘全池泼洒，也可以采用二氧化氯消毒杀菌。

③ 在虾饲料中拌入多糖类和维生素；同时用板蓝根拌精饲料投喂。

（2）黑鳃病（见彩图 33）

症状：鳃受感染变为黑色，引起鳃萎缩，病虾往往行动迟缓，伏在岸边不动，最后因呼吸困难而死。

防治：① 放养前彻底用生石灰消毒，经常加注新水、保持水质清新。

② 保持饲养水体清洁，溶氧充足，水体定期泼洒一定浓度的生石灰，进行水质调节。

③ 把患病虾放在每立方水体 3%～5%的食盐中浸洗 2～3 次，每次 3～5 分钟。

④ 用 15～20 克/米^3 生石灰全虾沟泼洒，连续 1～2 次。

⑤ 用 0.3 毫克/升浓度二氧化氯全虾沟泼洒消毒，并迅速换水。

（3）烂鳃病（见彩图 34）

症状：鳃丝发黑、局部霉烂，造成鳃丝缺损，排列不整齐，严重时引起病虾死亡。

防治：① 经常清除虾沟中的残饵、污物，注入新水，保持良好的水体环境，保持水体中溶解氧在 4 毫克/升以上，避免水质被污染。

② 种植水草或放养绿萍等水生植物。彻底换水，使水质变清、变爽，如

若不能大量换水，则使用水质改良剂进行水质改良。

③ 用0.1毫克/升二氯海因或0.2毫克/升溴氯海因全虾沟泼洒，隔天再用1次，可以起到较好的治疗效果。

（4）肠炎病（见彩图35）

症状：病虾刚开始时食欲旺盛，肠道特粗，隔几天后摄食减少或拒食，肠道发炎、发红且无粪便，有时肝、肾、鳃亦会发生病变。

防治：① 要根据龙虾的习性来投喂，饵料要多样性、新鲜且易于消化，投饵要有科学性，要全田均匀投喂。

② 在饲料中经常添加复合维生素（Vc+Ve+Vk）、免疫多糖、葡萄糖等，增强龙虾的抗病能力。

③ 在饵料中拌服肠炎消或恩诺沙星，3~5天为一疗程。

④ 在饲料中定期拌服适量大蒜素或复方恩诺沙星粉或中药菌毒杀星，5~7天为一疗程。

⑤ 外用时，每亩泼洒0.2毫克/升二溴海因，或每亩（水深1米）泼洒聚维酮碘250毫升/亩。

（5）甲壳溃烂病

症状：病虾甲壳局部出现颜色较深的斑点，严重时斑点边缘溃烂、出现较大或较多空洞导致病虾内部感染，甚至死亡。

防治：① 动作轻缓，减少损伤，运输和投放虾苗虾种时，不要堆压和损伤虾体。

② 饲料要供应充足，防止龙虾因饵料不足而相互争食或残杀。

③ 每亩用5~6千克的生石灰，化水全虾沟泼洒。

④ 发病稻田用2毫克/升漂白粉，化水全田泼洒，同时在每千克饲料中添加金霉素1~2克，连续3~5天为一个疗程。

（6）烂尾病

症状：病虾尾部有水泡，边缘溃烂、坏死或残缺不全，随着病情的恶化，溃烂由边缘向中间发展，严重感染时，病虾整个尾部溃烂掉落。

防治：① 运输和投放虾苗虾种时，不要堆压和损伤虾体。

② 饲养期间饲料要投足、投匀，防止因饲料不足相互争食或残杀。

③ 每立方米水体用茶粕 15~20 克浸液，全虾沟泼洒。

④ 每亩水面用强氯精等消毒剂化水，全虾沟泼洒，病情严重的连续两次，中间间隔 1 天。

（7）纤毛虫病（见彩图 36）

症状：累枝虫和钟形虫等纤毛虫附着在虾和受精卵的体表、附肢、鳃上，妨碍虾的呼吸、游泳、活动、摄食和蜕壳，影响生长发育，病虾行动迟缓，对外界刺激无敏感反应，大量附着时，会引起虾缺氧而窒息死亡。

防治：① 彻底消毒，杀灭田中的病原，经常加注新水，保持水质清新。

② 用硫酸铜：硫酸亚铁（5：2）合剂 0.7 毫克/米^3 全虾沟泼洒。

③ 用 3%~5%的食盐水浸洗，3~5 天为一个疗程。

④ 用 25~30 毫克/升的福尔马林溶液浸洗 4~6 小时，连续 2~3 次。

⑤ 每立方米水体用 20~30 克生石灰化水，全虾沟泼洒，连续 3 次，使水体透明度提高到 40 厘米以上。

⑥ 按说明书使用甲壳净、甲壳尽等药物。

（8）水霉病

症状：病虾伤口部位长有棉絮状菌丝，虾体消瘦乏力，行动迟缓，摄食减少，伤口部位组织溃烂蔓延，严重时导致死亡。

防治：① 在捕捞、运输、放养等操作过程中小心仔细，不要让龙虾受伤。

② 大批龙虾蜕壳期间，增加动物性饲料，减少同类互残。

③ 用浓度为3%~5%食盐水溶液浸洗5分钟。

④ 全田泼洒水霉净，每亩（水深1米）用1袋，连用3天。

（9）青苔（图8-2）

症状：青苔是一种丝状绿藻总称，新萌发的青苔长成一缕缕绿色的细丝、矗立在水中，衰老的青苔成一团团乱丝，漂浮在水面上。青苔在稻田中生长速度很快，覆盖水表面，影响水中溶氧和阳光的通透性，对龙虾的生长发育极为不利，甚至使底层的幼虾因缺氧窒息而死。青苔不仅会导致稻田里的水体急剧变瘦，对幼虾活动和摄食都有不利影响，而且在青苔茂盛时，往往有许多幼虾钻入里面而被缠住步足，不能活动，最终被活活饿死。

图8-2　青苔

青苔让养殖户伤脑筋，但一定要注意不要轻易用药物来杀灭，尤其是市面上现在宣传的专杀青苔的药物，一定要了解它的药物构成再考虑用或不用。因为许多渔药生产厂家的杀青苔药的主要成分之一就是除草剂，它是可以杀死青苔，但是同时也将田间沟里的水草给杀死，而且以后补种水草还不容易成活。另外，药物还可能对龙虾造成伤害，所以建议要慎用。

防治：① 及时加深水位，同时及时追肥，调节好水色。

② 定期追肥，使用生物高效肥水素，让稻田保持一定的肥度，透明度保持在 30~40 厘米，以减弱青苔生长旺期必需的光照。

③ 青苔较少时，可以人工捞走（图 8-3）。

图 8-3　人工捞走的青苔

④ 种植水草和放养虾苗前，最好将稻田里的水抽干，包括田间沟里的水要全部抽干，并暴晒 1 个月以上。

⑤ 种植水草时要加强对水草和螺蛳的养护，促进水草生长，适度肥水，防止青苔发生。

治疗方法：① 按每立方米水体用生石灰 80 克化水，分 3 次均匀全池泼洒，每次间隔时间 3~4 天，若青苔严重时用量可增加 20 克，下午喂虾后进行放药，放药后注水 10~20 厘米效果更好。此法不会使池水变瘦，也不会造成缺氧，半个月内可杀灭青苔。

② 可分段用草木灰覆盖杀死青苔。

③ 在表面青苔密集的地方用漂白粉干撒，用量为每亩 0.65 千克，晚上用颗粒氧，如果发现死亡青苔要全部清除，然后每亩泼洒 0.3 千克的高锰

酸钾。

（10）小三毛金藻、蓝藻

这些藻类大量繁殖时会产生毒素，出现水色和透明度异常，使虾苗出现似缺氧而浮头的现象，常在12小时内造成鱼虾大量死亡。虾摄食底栖蓝藻中毒后，肝胰脏会坏死和萎缩，病虾嗜睡、厌食；体表呈蓝色，表皮上带有棕黄色或浅黄色斑点；通常生长缓慢，体长明显小于健康虾。

预防与治疗：① 生石灰清池。

② 适当施肥，避免使用未经处理的各种粪肥；泼洒生石灰，培养益生藻类与有益菌类，以抑制毒藻的繁殖；有条件的可用人工培育的有益藻类干预养殖水体的藻相。

③ 提高水位，并通过施用优质肥料、投喂优质饵料等措施促进有益浮游植物的大量生长繁殖，以降低池水的透明度，使底栖蓝藻得不到足够的光照，促进有益浮游植物的大量生长繁殖，这样蓝藻自然就可消失。

④ 提高水位，“氨基酸肥水精华素”或“肥水专家”或“造水精灵”等肥料，一次量，每立方米水体2.2克，全池泼洒，使用1次。

⑤ 适当换水或使用杀藻剂如铜铁合剂（硫酸铜：硫酸亚铁为5：2）0.4~0.7毫克/升。控制藻类密度。

⑥ 水质嘉或双效底净，一次量，每立方米水体0.5克或1.5克，第2天用肥水宝二号和益生活水素，一次量，每立方米水体1克和0.5克。可根治小三毛金藻。

⑦ 清凉解毒净，一次量，每立方米水体1.5克，第2天用水立肥和盛邦活水素，一次量，每立方米水体1克和0.5克。可根治小三毛金藻。

（11）蛙害

病原：青蛙（图8-4）。

病因：青蛙吞食幼虾苗和仔幼虾。

流行时期：在青蛙的活动旺期。

危害情况：导致幼虾死亡，给养殖生产造成严重后果。

图 8-4　青蛙

预防措施：① 在放养虾苗前，供水沟渠中彻底清除蛙卵和蝌蚪。

② 稻田四周设置防蛙网，防止青蛙跳入田中。

治疗方法：如果青蛙已经入田，需及时捕杀。

（12）中毒

病因：稻田水质恶化，产生氨氮、硫化氢等大量有毒气体毒害龙虾；消毒药物残渣、过高浓度用药、进水水源受农田农药或化肥污染、工业废水污染、重金属超标中毒；投喂被有毒物质污染的饵料；水体中生物（如湖靛、甲藻、小三毛金藻）所产生的生物性毒素及其代谢产物等都可引起龙虾中毒（见彩图 37）。

症状：龙虾活动失常，鳃丝粘连呈水肿状，鳃及肝脏明显变色，极易死亡。

危害情况：① 全国各地均有发生。

② 死亡率较高。

预防措施：① 在苗种放养前，彻底清除稻田中过多的淤泥，保留 15~20 厘米厚的淤泥。

② 采取相应措施进行生物净化，消除养殖隐患。

③ 消毒后，一定要等药残完全消失后才能放养苗种，最好使用生化药物进行解毒或降解毒性后进水。

④ 严格控制已受农药（化肥）或其他工业废水污染过的水进入稻田内。

⑤ 投喂营养全面、新鲜的饵料。

⑥ 沟中栽植水花生、聚草、凤眼莲等有净化水质作用的水生植物，同时在进水沟渠也要种上有净化能力的水生植物。

治疗方法：一旦发现龙虾有中毒症状时，首先进行解毒，可用各地（市）出售的解毒剂进行全田泼洒来解毒，其次再适当换水，同时拌料内服大蒜素和解毒药品，每天 2 次，连喂 3 天。

参考文献

但丽，张世萍，羊茜，等 . 2007. 克氏原螯虾食性和摄食活动的研究 . 湖北农业科学，03：174-177.

李文杰 . 1990. 值得重视的淡水渔业对象——螯虾 . 水产养殖，(1)；19-20.

费志良，宋胜磊，唐建清，等 . 2005. 克氏原螯虾含肉率及蜕皮周期中微量元素分析 . 水产科学，24（10）：8-11.

唐建清，宋胜磊，潘建林，等 . 2004. 克氏原螯虾对几种人工洞穴的选择性 . 水产科学，23（5）：26-28.

唐建清，宋胜磊 . 2003. 克氏原螯虾种群生长模型及生态参数研究 . 南京师大学报：自然科学版，26（1）：96-100.

吕佳，宋胜磊，唐建清，等 . 2004. 克氏原螯虾受精卵发育的温度因子数学模型分析 . 南京大学学报：自然科学版，40（2）：226-231.

张湘昭，张弘 . 2001. 克氏螯虾的开发前景与养殖技术 . 中国水产，(1)：37-38.

唐建清，滕忠祥，周继刚，等 . 2002. 淡水虾规模养殖关键技术 . 南京：江苏科学技术出版社 .

舒新亚，龚珞军 . 2006. 小龙虾健康养殖实用技术 . 北京：中国农业出版社 .

夏爱军 . 2007. 小小龙虾养殖技术 . 北京：中国农业大学出版社 .

占家智，羊茜 . 2002. 施肥养鱼技术 . 北京：中国农业出版社 .

占家智，羊茜 . 2002. 水产活饵料培育新技术 . 北京：金盾出版社 .

谢文星，罗继伦 . 2001. 淡水经济虾养殖新技术 . 北京：中国农业出版社 .